개정판

식사요법실습

머리말

질병의 회복과 건강증진을 위해서는 의료, 간호 및 영양관리의 긴밀한 협조가 필요하며, 영양관리의 경우 환자의 병태생리에 맞는 영양공급이 매우 중요하다. 식사요법은 질병 치료를 받고 있는 환자들을 대상으로 영양소를 병태원리에 맞게 조절하여 공급함으로써, 환자의 빠른 회복을 도모하면서 합병증과 재발을 방지하고 건강을 유지 및 증진시키는 것을 목적으로 하고 있다. 식사요법 시행 시에는 환자의 상태, 식욕, 기호 및 개인차 등을 고려해야만 하며 식품의 선택, 영양소의 가감, 환자식의 조리, 위생 및 배식에 이르기까지 세심한 주의를 필요로 한다. 식사요법을 실시하는 전문인을 양성하기 위해서는 반복적인 연습과정이 요구되는데, 이를 위해 식사요법 실습을 강의하는 교수들이 본 실습서를 발간하게 되었다.

본 식사요법 실습서는 각종 질병의 식사요법에 관한 이론적 지식을 실제로 실무에 적용할 수 있는 능력을 키울 수 있도록 계획하여 만든 교재이다. 각 질환별로 병원식의 적용 대상, 목표, 식사원칙 및 유의사항을 서술하였으며, 환자식의 사례에서는 표준체중 구하기, 비만도 판정하기, 1일 영양기준량 구하기, 1일 식품구성의 예, 끼니별 배분의 예, 식단 작성의 예 등을 제시하였다. 실습에서는 사례연구를 통하여 그 문제점을 이해하고 문제해결 방안을 모색할 수 있도록 하였고, 식사요법을 실시하기 위해 필수적으로 알아야 할 사항인 식단 작성법을 실습 내용의 기본으로 하였다.

영양사가 되기 위해 식사요법을 공부하며 실무도 터득해야 하는 학생들과 임상과 관련된 현장에서 일하는 영양사들에게 다소나마 도움을 줄 수 있기 바라며, 이 책을 발간하기까지 애써주신 파워북 사장님과 실장님을 비롯한 직원 여러분의 노고에 깊은 감사를 드린다.

저자 일동

차 례

Chapter 1 식사 계획

Chapter 2 병원식

Chapter 3 식도 및 위장질환

Chapter 4 장질환

Chapter 9 신장질환

Chapter 10 통풍

Chapter 11 골다공증

Chapter 12 간질

Chapter 13 암

식사요법실습

1 Chapter

식사 계획

1. 한국인의 영양섭취기준

한국인 영양섭취기준은 한국인의 건강을 최적상태로 유지할 수 있는 영양소들의 섭취수준을 의미한다. 영양섭취기준 dietary reference intakes, DRI은 평균필요량 estimated average requirement, EAR, 권장섭취량 recommended intake, RI, 충분섭취량 adequate intake, AI, 상한섭취량 tolerable upper intake level, UL의 4가지로 구성되어 있다. 평균필요량은 건강한 사람들의 일일 영양필요량의 중앙값이며, 권장섭취량은 평

[표 1-1] 한국인 영양섭취기준 – 에너지적정비율

영양소		1~2세	3~18세	19세 이상	비고
탄수화물		55~65%	55~65%	55~65%	
단백질		7~20%	7~20%	7~20%	
지질	총지방	20~35%	15~30%	15~30%	
	n-6 지방산	4~10%	4~10%	4~10%	
	n-3 지방산	1% 내외	1% 내외	1% 내외	
	포화지방산	–	8% 미만	7% 미만	
	트랜스지방산	–	1% 미만	1% 미만	
	콜레스테롤	–	–	300 mg/일 미만	목표섭취량

자료 : 보건복지부, (사)한국영양학회, 한국인 영양소 섭취기준(2015).

균필요량에 표준편차의 2배를 더하여 정한 값이고, 충분섭취량은 평균필요량에 대한 정보가 부족한 경우에 건강한 사람의 영양섭취량을 토대로 설정한 값이며, 상한섭취량은 인체 건강에 유해 영향이 나타나지 않는 최대 영양소 섭취수준이다.

2. 1일 에너지 필요량 계산

1) 표준체중과 비만도 산출

성인의 경우에는 신장과 체중을 이용한 체질량지수 body mass index, BMI 를 이용하여 표준체중과 비만도를 산출한다

$$\text{BMI} = \frac{\text{체중(kg)}}{\{\text{신장(m)}\}^2}$$

(1) 체질량지수를 이용한 표준체중 산출 방법

남자 : 표준체중(kg) = 신장(m)×신장(m)×22
여자 : 표준체중(kg) = 신장(m)×신장(m)×21

(2) 비만도 판정법과 평가기준

$$\text{상대체중 relative weight, PIBW} = \frac{\text{현재체중}}{\text{표준체중}} \times 100$$

평 가	상대체중 측정값
비 만	120 이상
체중과다	110～120
정 상	90～110
저 체 중	80～90
심한 저체중	80 미만

2) 1일 에너지 필요량 산출

(1) 기초 소비에너지 basal energy expenditure, BEE를 이용한 에너지 필요량 산출

• 기초 소비에너지는 해리스–베네딕트 Harris-Benedict 공식에 의해 산출한다.

남자 : BEE = 66.4 + (13.7×W) + (5×H) − (6.8×A)
여자 : BEE = 655 + (9.6×W) + (1.8×H) − (4.7×A)
* BEE : kcal, W : 현재 체중(kg), H : 신장(cm), A : 나이(세)

단, 비만도가 20% 이상인 경우는 현재체중 대신 조정체중(W)을 계산하여 이용한다.

조정체중(W) = 표준체중(kg) + 〔현재체중(kg) − 표준체중(kg)〕 × 0.25

• 기초 소비에너지를 이용한 1일 필요 에너지 산출

1일 필요 에너지(kcal) = BEE(kcal) × 활동계수 × 상해계수(스트레스를 받는 환자)
= BEE(kcal) × 활동계수(스트레스를 받지 않는 환자)

[표 1-2] **활동계수**

활동 정도	활동계수
누워 있는 환자	1.2
움직일 수 있는 환자	1.3
보통의 활동 정도	1.50
매우 활동적인 경우	1.75

[표 1-3] **상해계수**

부상 정도	상해계수
심하지 않은 수술	1.2
골격외상	1.35
수술	1.44
패혈증	1.6~1.8
외상 + 스테로이드	1.88
심한 화상	2.1~2.5

(2) 에너지 필요추정량(한국인 영양섭취기준)에 의한 에너지필요량 산출

- 에너지 필요추정량 (한국인 영양섭취기준)

성인남자 : 662 − (9.53×연령) + PA[(5.91×체중(kg) + 539.6×신장(m)]

PA =1.0 (비활동적) 1.11(저활동적), 1.25(활동적) 1.48 (매우 활동적)

성인여자 : 354 − (6.91×연령) + PA[(9.36×체중(kg) + 726×신장(m)]

PA =1.0 (비활동적) 1.12(저활동적), 1.27(활동적) 1.45 (매우 활동적)

(3) 활동에 따른 필요 에너지 산출

표준체중을 구하여 체중당 활동별 소비에너지와 상해계수를 곱하여 1일 필요 에너지를 산출한다.

1일 필요 에너지(kcal) = 표준체중(kg) × 활동별 소비에너지(kcal/kg) × 상해계수

[표 1-4] **활동별 소비에너지(kcal/kg)**

활동 종류	체중당 에너지
입원환자, 누워 있는 사람	25~30
경노동	30~35
중등 노동	35~40
중노동, 운동선수, 저체중 환자	40~45

(4) 현재 체중과 활동 정도를 고려한 에너지 필요량 산출

1일 필요 에너지(kcal) = 현재체중(kg) × 활동 정도 에너지(kcal)

[표 1-5] **비만도 및 활동 정도에 따른 에너지 필요량**

비만도	가벼운 활동 정도 (kcal/kg)	중정도 활동 정도 (kcal/kg)	심한 활동 정도 (kcal/kg)
과체중	20~25	30	35
정상	30	35	40
저체중	35	40	45

3. 식품교환표의 활용

영양 면에서 편식 없이 자연식품을 잘 조화시킨 식사를 마련한다는 것은 어려운 일이다. 식품과 요리의 종류가 많고, 사람마다 좋아하는 기호가 다르며, 영양소의 필요량도 다르다. 그러므로 무작정 계획도 없이 영양소 권장량을 충족시키는 식단을 작성한다는 것은 쉬운 일이 아니다.

영양소의 권장량을 충족시키면서 식단을 쉽게 작성하기 위해서는 식품의 영양성분에 따라 분류하여 만들어진 각종 식품군에서 일정량 이상을 매일 식사에 포함시켜야 한다. 이러한 식단 작성을 보다 쉽게 하고 모든 영양소를 골고루 함유할 수 있도록 현재 식품교환표와 식품군이 고안되어 이용되고 있다.

1) 식품교환표

식품교환법은 1950년대 미국 영양사협회가 당뇨병협회의 협조하에 고안한 것으로, 식품성분표를 이용하지 않고서도 환자가 요구하는 에너지와 3대 영양소를 쉽고 간단하게 계산할 수 있도록 만든 것이다. 그 후 식품교환법은 당뇨병 환자뿐만 아니라 다른 환자들에게도 활용되었다.

우리나라에는 1954년에 처음으로 소개되었다, 미국의 식품교환법에 우리의 식습관, 식품수급 사정, 식품 성분의 차이 등을 고려하여 우리 실정에 맞도록 대한영양사협회, 대한당뇨학회 및 한국영양학회에서 1981년, 1988년, 1995년 등 3차례에 걸쳐 수정 보완을 통해 현재 사용하는 식품교환표로 개정되어 발표되었다. 식품교환표는 대부분의 병원에서 당뇨병뿐만 아니라 일반식과 다른 치료식의 식단 작성에도 사용되고 있다.

현재 이용되는 식품교환표는 식품의 영양소 조성이 비슷한 식품끼리 같은 군으로 묶어 곡류군, 어육류군(고지방 어육류군, 중지방 어육류군, 저지방 어육류군), 채소군, 과일군, 우유군, 지방군의 6종류로 구분하고 있다. 같은 식품군은 에너지, 당질, 지질, 단백질 함량이 비슷하여 약간 차이가 있다고 하더라도 지정된 같은 군내에서는 서로 대치되거나 교환될 수 있다. 대한영양사협회가 개정한 식품교환표에서 각 식품군의 1

[표 1-2] **주요식품군 1교환단위의 영양가**

식 품 군		식품교환수	당질(g)	단백질(g)	지질(g)	에너지(kcal)
곡류군		1	23	2	-	100
어육류군	저지방	1	–	8	2	50
	중지방	1	–	8	5	75
	고지방	1	–	8	8	100
채 소 군		1	3	2	–	20
지 방 군		1	–	–	5	45
우유군	일반우유	1	10	6	7	125
	저지방우유	1	10	6	2	80
과 일 군		1	12	–	–	50

교환단위당 영양가는 **표 1-2** 와 같고 식품 교환단위당 분량은 **표 1-3** 에서 **표 1-11** 과 같다.

[표 1-3] 주요식품군 1교환단위의 분량

식품군		단위당에너지 (kcal)	1 식품 교환단위당 분량(g)
곡류군		100	쌀밥(보리밥) 1/3공기(70), 식빵 1쪽(35), 국수 삶은것 1/2 공기(90), 율무 3큰술(30), 현미(찹쌀) 3큰술, 인절미 4개(50), 옥수수(중) 1/2개, 크래커 5개, 고구마(중) 1/2개(70), 밀가루 5큰술(30), 미숫가루 5큰술(30), 감자(대) 1개(140)
지방군		45	식용유(참기름, 들기름) 1작은술(5), 참깨 1큰술(8), 마요네즈 1.5작은술(5), 호두, 잣 1큰술(8), 땅콩버터 1작은술(8), 땅콩 1큰술(8), 버터 1작은술(5)
어육류군	저지방	50	참치(소) (조기, 갈치, 도미, 가자미, 연어) 1토막(50), 쇠고기(돼지고기) 썰어서 3~4쪽(40), 광어(소) 1토막(50), 건오징어채 1/4컵(15), 생굴 1/3컵(80), 북어 1/2토막(15), 닭고기(소) 1토막 (40), 날치알(40)
	중지방	75	삼치(소) (병어, 꽁치, 민어, 임연수어) 1토막(50), 검정콩 2큰술(20), 두부 1/5모(80), 햄 1쪽(40), 달걀(중) 1개(55), 돼지족(40), 곱창(40)
	고지방	100	참치 통조림 1/3컵(40), 소갈비(소) 1토막(40), 프랑크소시지 1.5개(40), 치즈 1.5장(30), 뱀장어(50), 런천미트 1쪽(40), 쇠꼬리(40), 고등어(꽁치) 통조림 1/3컵(50), 연어알(40), 베이컨(40)
채소군		20	시금치(무, 숙주, 쑥갓, 근대) 익혀서 1/3컵(70), 배추김치(깍두기) (50), 오이(생) 1/2개(70), 당근(4×5cm, 1토막)(70), 풋고추(중) 7~8개(70), 상추(대) 8~10장(70), 콩나물(양배추) 익혀서 2/5컵(70)
우유군	일반우유	125	우유 1컵(200), 두유 1컵(200), 전지분유 5큰술(25), 무당연유 1/2컵(100), 조제분유 5큰술(25)
	저지방우유	80	저지방우유(2%) 1컵(200)
과일군		50	수박(대) 1쪽(150), 사과(중) 1/2개(80), 토마토 1개(350), 딸기(중) 15알(150), 복숭아(중) 1개(150), 참외(중) 1/2개(150), 배(중) 1/3개 (110), 바나나(중) 1/2개(50), 귤(중) 1개(120), 오렌지주스 1/2컵(100), 자몽(그레이프프루트) 1/2개(150), 토마토주스 1/2컵(100)

소(小), 중(中), 대(大)

[표 1-4] **곡류군 1교환단위**

당질 23g / 단백질 2g / 에너지 100kcal

	식 품 명	무게(g)	목측량
밥류	쌀밥	70	1/3공기(소)
	보리밥	70	1/3공기(소)
	현미밥	70	1/3공기(소)
죽류	쌀죽	140	2/3공기(소)
알곡류 및 가루제품	기장	30	
	녹두	70	
	녹말가루	30	5큰술
	미숫가루	30	1/4컵(소)
	밀가루	30	5큰술
	백미	30	3큰술(=1/5쌀컵)
	보리(쌀보리)	30	3큰술
	완두콩	70	1/2컵(소)
	율무	30	3큰술
	찰수수	30	3큰술
	차조	30	3큰술
	찹쌀	30	3큰술
	팥(붉은 것)	30	3큰술
	현미	30	3큰술
국수류	냉면(건조)	30	
	당면	30	
	마른국수	30	
	메밀국수(건조)	30	
	메밀국수(생것)	40	
	삶은국수	90	1/2공기(소)
	스파게티(건조)	30	
	스파게티(삶은 것)	90	
	쌀국수(건조)	30	
	쌀국수(조리된 것)	90	
	우동(생면)	70	
	쫄면(건조)	30	
	칼국수류(건조)	30	
감자류 및 전분류	감자	140	중 1개
	고구마	70	중 1/2개
	돼지감자	140	
	찰옥수수(생것)	70	1/2개
	토란	140	
떡류	가래떡	50	썰은 것 11~12개

	식 품 명	무게(g)	목측량
	백설기	50	
	송편(깨)	50	
	시루떡	50	
	인절미	50	3개
	절편	50	1개(5.5×5×1.5cm)
	증편	50	
	식빵	35	1쪽(11×10×1.5cm)
빵류	모닝빵	35	중 1개
	바게트	35	중 2쪽
	도토리묵	200	1/2모(6×7×4.5cm)
묵류	녹두묵	200	
	메밀묵	200	
	강냉이(옥수수)	30	1.5공기(소)
기타	누룽지(건조)	30	지름 11.5cm
	마	100	
	밤	60	대 3개
	오트밀	30	
	은행	60	1/3컵(소)
	콘플레이크	30	3/4컵(소)
	크래커	20	5개

[표 1-5] **어육류군(저지방) 1교환단위**

지방 2g / 단백질 8g /에너지 50kcal

	식 품 명	무게(g)	목측량
고기류	닭고기(껍질, 기름 제거한 살코기)	40	소 1토막(탁구공 크기)
	닭부산물(모래주머니)	40	
	돼지고기(기름기 전혀 없는 살코기)	40	로스용 1장(12×10.3cm)
	쇠간*	40	
	쇠고기(사태, 홍두깨 등)	40	로스용 1장(12×10.3cm)
	오리고기	40	
	육포	15	1장(9×6cm)
	칠면조	40	
생선류	가자미	50	소 1토막
	광어	50	소 1토막
	대구	50	소 1토막
	동태	50	소 1토막
	미꾸라지(생것)	50	소 1토막

	식 품 명	무게(g)	목측량
	병어	50	소 1토막
	복어	50	소 1토막
	아귀	50	소 1토막
	연어	50	소 1토막
	옥돔(반건조)	50	소 1토막
	적어	50	소 1토막
	조기	50	소 1토막
	참도미	50	소 1토막
	참치	50	소 1토막
	코다리	50	소 1토막
	한치	50	소 1토막
	홍어	50	소 1토막
건어물류 및 가공품	건오징어채*	15	
	게맛살	50	1 2/3개
	굴비	15	1/2 토막
	멸치	15	잔 것 1/4컵(소)
	뱅어포	15	1장
	북어	15	1/2토막
	어묵(찐 것)	50	1/3개(5.5cm)
	쥐치포	15	1/2개(1.2×7cm)
젓갈류	명란젓*	40	
	어리굴젓	40	
	창란젓*	40	
기타 해산물	개불	70	
	굴	70	1/3컵(소)
	꼬막조개	70	
	꽃게	70	소 1마리
	낙지	100	1/2컵(소)
	날치알	50	
	대하(생것)	50	
	멍게	70	1/3컵(소)
	문어*	70	1/3컵(소)
	물오징어*	50	몸통 1/3등분
	미더덕	100	3/4컵(소)
	새우(깐새우)*	50	1/4컵(소)
	새우(중하)*	50	3마리
	전복*	70	소 2개
	조갯살	70	1/3컵(소)
	해삼	200	1 1/3컵(소)
	홍합	70	1/3컵(소)

* 콜레스테롤이 많은 식품

[표 1-6] **어육류군(중지방) 1교환단위**

지방 5g / 단백질 8g / 에너지 75kcal

	식 품 명	무게(g)	목측량
고기류	돼지고기(안심)	40	
	샐러드햄	40	
	소곱창*	40	
	쇠고기(등심, 안심)	40	로스용 1장(12×10.3cm)
	쇠고기(양지)	40	
	햄(로스)	40	2장(8×6×0.8cm)
생선류	갈치	50	소 1토막
	고등어	50	소 1토막
	과메기(꽁치)	50	
	꽁치	50	소 1토막
	도루묵	50	
	메로	50	
	민어	50	소 1토막
	삼치	50	소 1토막
	임연수어	50	소 1토막
	장어*	50	소 1토막
	전갱이	50	소 1토막
	준치	50	소 1토막
	청어	50	소 1토막
	훈제연어	50	
가공품	어묵(튀긴 것)	50	1장(15.5×10cm)
알류	달걀*	55	중 1개
	메추리알*	40	5개
콩류 및 가공품	검정콩	20	2큰술
	낫토	40	작은 포장단위 1개
	대두(노란콩)	20	
	두부	80	1/5모(420g 포장두부)
	순두부	200	1/2봉(지름 5×10cm)
	연두부	150	1/2개
	콩비지	150	1/2봉, 2/3공기(소)

* 콜레스테롤이 많은 식품

콜레스테롤 : 동물성지방에서만 볼 수 있는 지방의 한 형태로 달걀노른자, 내장류, 오징어류 등에 주로 많이 포함되어 있다. 콜레스테롤은 우리 몸에 필요한 성분이지만 과량 섭취 시 동맥경화증, 뇌혈관 질환, 심혈관계 질환을 초래할 수 있다.

[표 1-7] 어육류군(고지방) 1교환단위

지방 8g / 단백질 8g / 에너지 100kcal

	식 품 명	무게(g)	목측량
고기류 및 가공품	개고기	40	
	닭고기(껍질 포함) §	40	닭다리 1개
	돼지갈비	40	
	돼지족, 돼지머리 §	40	
	런천미트 §	40	5.5×4×1.8cm
	베이컨	40	1 1/4장
	비엔나소시지	40	5개
	삼겹살 §	40	
	소갈비 §	40	소 1토막
	소꼬리 §	40	
	프랑크소시지 §	40	1 1/3개
생선류 및 가공품	고등어통조림	50	1/3컵(소)
	꽁치통조림	50	1/3컵(소)
	뱀장어 *	50	소 1토막
	유부	30	5장(초밥용)
	참치통조림	50	1/3컵(소)
	치즈	30	1.5장

§ 포화지방산이 많은 식품, * 콜레스테롤이 많은 식품

> **포화지방** : 주로 상온에서 고체인 동물성 지방(돼지기름, 소기름, 버터, 유지방)에 함유되어 있으며, 일부의 식물성 기름(팜유, 코코넛유 등)에도 포함되어 있다. 혈중 콜레스테롤을 높여 심장혈관계 질환을 일으킬 수 있으므로 총지방섭취량의 1/3 이하로 섭취를 제한한다.

[표 1-8] 채소군 1교환단위

당질 3g / 단백질 2g / 에너지 20kcal

	식 품 명	무게(g)	목측량
채소류	가지	70	지름 3cm×길이 10cm
	고구마줄기	70	익혀서 1/3컵
	고비	70	
	고사리(삶은 것)	70	1/3컵
	고춧잎*	70	
	곰취	70	
	근대	70	익혀서 1/3컵
	깻잎	40	20장
	냉이	70	
	늙은 호박(생것)	70	4×4×6cm

	식 품 명	무게(g)	목측량
채소류	늙은 호박, 호박고지	7	
	단무지	70	
	단호박*	40	1/10개(지름 10cm)
	달래	70	
	당근*	70	4×5cm 또는 대 1/3개
	대파	40	
	더덕	40	
	도라지*	40	
	돌나물	70	
	두릅	70	
	돌미나리	70	
	마늘	7	
	마늘종	40	3개(6.5~7cm)
	머위	70	
	무	70	지름 8cm×길이 1.5cm
	무말랭이	7	불려서 1/3컵
	무청(삶은 것)	70	
	미나리	70	익혀서 1/3컵
	배추	70	알배기배추 15×6cm, 중 3잎
	부추	70	익혀서 1/3컵
	붉은 양배추	70	1/5개(9×4×6cm)
	브로콜리	70	
	상추	70	소 12장
	셀러리	70	길이 6cm×6개
	숙주	70	익혀서 1/3컵
	시금치	70	익혀서 1/3컵
	쑥*	40	
	쑥갓	70	익혀서 1/3컵
	아욱	70	잎넓이 20cm 5장(익혀서 1/3컵)
	애호박	70	지름 6.5cm×두께 2.5cm, 중 1/3개
	양배추	70	
	양상추	70	
	양파	70	
	연근*	40	썰은 것 5쪽
	열무	70	
	오이	70	중 1/3개
	우엉*	40	
	원추리	70	
	자운영(싹)	70	
	죽순(생것)	70	
	죽순(통조림)	70	
	참나물	70	
	청경채	70	

	식 품 명	무게(g)	목측량
채소류	취나물(건조)	7	
	치커리	70	
	케일	70	잎넓이 30cm 1 1/2장
	콜리플라워, 꽃양배추	70	
	콩나물	70	익혀서 2/5컵
	파프리카(녹색)	70	대 1개
	파프리카(적색)	70	
	파프리카(주황색)	70	
	풋고추	70	중 7~8개
	풋마늘*	70	
	피망	70	중 2개
해조류	곤약	70	
	김	2	1장
	매생이*	40	
	미역(말린것)	6	
	미역(생것)	70	
	우뭇가사리, 우무	70	
	톳(생것)	70	
	파래(생것)	70	
버섯류	느타리버섯(생것)	50	7개(8cm)
	만가닥버섯(건조)	50	
	송이버섯(생것)	50	소 2개
	양송이버섯(생것)	50	3개(지름 4.5cm)
	팽이버섯(생것)	50	
	표고버섯(건조)	7	
	표고버섯(생것)	50	대 3개
김치류	갓김치	50	
	깍두기	50	사방 1.5cm 크기 10개
	나박김치	70	
	동치미	70	
	배추김치	50	6~7개(4.5cm)
	총각김치	50	2개
	당근주스	50	1/4컵(소)

* 당질을 6g 이상 함유하고 있으므로 섭취 시 주의하여야 할 채소

[표 1-9] **지방군 1교환단위**

지방 5g / 에너지 45kcal

	식 품 명	무게(g)	목측량
견과류	검정깨(건조)	8	
	참깨(건조)	8	1큰스푼
	땅콩 §	8	8개(1큰스푼)
	아몬드 §	8	7개
	잣	8	50알(1큰스푼)
	캐슈너트(조미한 것) §	8	
	피스타치오 §	8	10개
	해바라기씨	8	1큰스푼
	호두	8	중 1.5개
	호박씨(건조, 조미한 것)	8	
	흰깨(건조, 볶은 것)	8	
고체성 기름	땅콩버터	8	
	마가린	5	1작은스푼
	버터*	5	1작은스푼
	쇼트닝*	5	1작은스푼
드레싱	마요네즈, 라이트 마요네즈	5	1작은스푼
	사우전드, 이탈리안 드레싱	10	2작은스푼
	프렌치 드레싱	10	2작은스푼
식물성 기름	들기름	5	1작은스푼
	미강유	5	1작은스푼
	옥수수기름	5	1작은스푼
	올리브유 §	5	
	홍화씨기름 §	5	
	참기름	5	1작은스푼
	카놀라유 §	5	1작은스푼
	콩기름	5	1작은스푼
	포도씨유	5	1작은스푼
	해바라기유	5	

* 포화지방산이 많은 식품 § 단일불포화지방산이 많은 식품

[표 1-10] **우유군 1교환단위**

당질 10g / 단백질 6g / 지방 7g / 에너지 125kcal

	식 품 명	무게(g)	목측량
일반우유	두유(무가당)	200	1컵(1팩)
	락토우유	200	1컵(1팩)
	일반 우유	200	1컵(1팩)
	전지분유	25	5큰스푼
	조제분유	25	5큰스푼

당질 10g / 단백질 6g / 지방 2g / 에너지 80kcal

	식 품 명	무게(g)	목측량
저지방우유	저지방우유(2%)	200	1컵(1팩)

【유제품의 에너지 함량】

제 품 명	포장단위 1개(g)	열량 (kcal)	제 품 명	포장단위 1개(g)	열량 (kcal)
한국야쿠르트	65	50	쿠퍼스	140	110
야쿠르트 에이스	80	55	요하임	150	135
요플레(딸기)	100	110	헬리코박터 프로젝트 윌	150	150
요델리 퀸(딸기)	100	115	메치니코프 사과	150	155
슈퍼100프리미엄 화이트	100	85	딸기우유(서울우유)	200	130
슈퍼100프리미엄 딸기	100	100	초코우유(서울우유)	200	130
떠먹는 불가리스 (딸기, 포도, 복숭아, 키위)	100	110	커피우유(서울우유)	200	120
뿌요(딸기, 사과)	100	70	검은콩우유(서우우유)	180	110

※ 우유군 1교환량과는 영양소 함량에 차이가 있음.

[표 1-11] **과일군 1교환단위**

당질 12g / 에너지 50kcal

	식 품 명	무게(g)	목측량
감	단감	50	중 1/3개
	연시, 홍시	80	소 1개, 대 1/2개
	곶감	15	소 1/2개
감귤류	귤	120	
	금귤	60	7개
	오렌지	100	대 1/2개
	유자	100	
	자몽	150	중 1/2개
	한라봉	100	
	귤(통조림)	70	
대추	대추(생것)	50	
	대추(건조)	15	5개
두리안	두리안	40	
딸기	딸기	150	중 7개
	산딸기	150	
리치	리치	70	
망고	망고	70	
매실	매실	150	
무화과	무화과(생것)	80	
	무화과(건조)	15	
멜론	멜론(머스크)	120	
바나나	바나나(생것)	50	중 1/2개
	바나나(건조)	10	
배	배	110	대 1/4개
복숭아	복숭아(백도)	150	소 1개
	복숭아(천도)	150	소 2개
	복숭아(황도)	150	중 1/2개
	백도(통조림), 황도(통조림)	60	반절 1쪽
블루베리	블루베리	80	
	블루베리(통조림)	50	
사과	사과(후지)	80	중 1/3개
살구	살구	150	
석류	석류	80	
수박	수박	150	중 1쪽
앵두	앵두	150	
올리브	올리브(생것)	60	
	올리브(건조)	15	

	식 품 명	무게(g)	목측량
자두	자두	150	특대 1개
참외	참외	150	중 1/2개
체리	체리	80	
키위	키위	80	중 1개
토마토	방울토마토	300	
	토마토	350	소 2개
파인애플	파인애플	200	
	파인애플(통조림)	70	
파파야	파파야	200	
포도	청포도	80	
	포도	80	소 19알
	포도(거봉)	80	11개
	포도(건조)	15	
프루트칵테일	프루트칵테일(통조림)	60	
주스	배주스	80	
	사과주스	100	1/2컵(소)
	오렌지주스(무가당)	100	1/2컵(소)
	토마토주스	100	1/2컵(소)
	파인애플주스	100	1/2컵(소)
	포도주스	80	

섬유소 : 주로 채소류, 과일류, 곡류에 포함된 비소화성 물질로서 만복감을 주고, 변비를 방지하며 혈액 중의 지질 및 혈당조절을 도와준다.

【섬유소 함량】

채 소 류	섬유소량(g)	과 일 류	섬유소량(g)
양파, 오이, 호박	1.0 이하	수박, 포도	0.5 이하
가지, 단무지, 버섯, 배추,	1.1~1.5	멜론(머스크), 자두	0.6~1.0
상추, 시금치, 무, 양배추,	1.1~1.5	귤, 배, 사과, 참외	1.1~1.5
콩나물, 김치, 깍두기, 당근	1.6~2.0	감, 복숭아, 딸기	2.1~2.5
고추, 생강	2.0 이상	토마토	3.5

【에너지에 따른 식품군별 교환단위수】

열량(kcal)	곡류군	어육류군	채소군	지방군	우유군	과일군
1,200	5	4	6	3	1	1
1,300	6	4	6	3	1	1
1,400	7	4	6	3	1	1
1,500	7	5	7	4	1	1
1,600	8	5	7	4	1	1
1,700	8	5	7	4	1	2
1,800	8	5	7	4	2	2
1,900	9	5	7	4	2	2
2,000	10	5	7	4	2	2
2,100	10	6	7	4	2	2
2,200	11	6	7	4	2	2
2,300	11	7	8	5	2	2
2,400	12	7	8	5	2	2

자유롭게 섭취할 수 있는 식품 :

아래에 제시된 식품들은 열량이 비교적 적으므로 자유롭게 이용할 수 있습니다.

채소류 : 대부분의 채소류

※ 1 교환단위당 당질 6g 이상 함유한 채소류의 과잉 섭취는 주의

↳고춧잎, 쑥, 단호박, 풋마늘, 당근, 도라지, 연근, 우엉, 매생이

해조류 : 곤약, 김, 미역, 우무, 한천

음료수 : 생수 · 녹차 · 홍차 · 보리차 등 맑은 차, 라이트 콜라, 제로 콜라, 다이어트 사이다, 토닉워터

향신료 : 겨자, 식초, 계피, 후추, 레몬

저열량 감미료 : 그린스위트, 화인스위트, 네오스위트, 이퀄, 뉴슈가, 신화당

주의해야 할 식품

아래에 제시된 식품들은 단순당이 많이 함유되어 있고 열량이 높으므로 주의하도록 합니다.

곡 류 : 케이크, 달콤한 과자, 파이류, 설탕 입힌 플레이크, 약과, 꿀떡

우유류 : 가당요구르트, 가당연유, 초코우유, 바나나우유, 딸기우유

과일류 : 과일통조림류

기 타 : 유자차 · 모과차 등 달콤한 차류, 사탕, 꿀, 젤리, 초콜릿, 잼, 엿, 양갱, 설탕 껌, 조청, 물엿, 시럽

2) 식품교환표를 이용한 1일 식단 작성법

식품교환표를 이용한 식단 작성법은 다음과 같다.

(1) 1단계 : 총에너지와 영양기준량 산출

총에너지, 당질, 단백질, 지질의 필요량을 결정한다. 각 환자의 질병의 종류와 상태, 체중, 신장 등을 고려하여 산정한다.

① 신장이 162cm인 45세 여성을 위해 표준체중을 유지할 수 있도록 에너지를 산출한다.

총에너지(kcal) = 표준체중(kg) × 25~30kcal(중환자, 고령자, 입원환자)
30~35kcal(보통환자, 중년, 경노동)
35~40kcal(경환자, 청소년, 중등노동)
40~45kcal(중노동, 운동가)

표준체중은 Broca 공식이나 대한당뇨협회가 제공하는 공식에 의해 산출한다.

■ Broca 공식
- 신장이 150cm 이하인 경우 : 표준체중(kg) = 신장(cm) − 100
- 신장이 150 ~ 160cm인 경우 : 표준체중(kg) = {신장(cm) − 150} × 0.5 + 50
- 신장이 161cm 이상인 경우 : 표준체중(kg) = {신장(cm) − 100} × 0.9

■ 대한당뇨협회 공식(체질량지수법)
- 남자 : 표준체중(kg) = 신장(m) × 신장(m) × 22
- 여자 : 표준체중(kg) = 신장(m) × 신장(m) × 21

【예시】

경노동을 하며 신장이 162cm인 45세 여성의 총에너지를 체질량지수법(대한당뇨협회 공식)에 의해 구하면 다음과 같다.

- 표준체중 : 1.62(m) × 1.62(m) × 21 = 55.111 ≒ 55kg
- 총에너지 : 55kg × 33kcal/kg = 1,815kcal

② 당질, 단백질, 지질의 양을 계산한다.

일반적으로 당질 : 단백질 : 지질 = 55~70% : 7~20% : 15~25%인데, 당질이 60%, 단백질 90g인 경우의 계산은 다음과 같다.

- 당　질 : 1,815kcal × 0.6 = 1,089kcal,　1,089kcal ÷ 4kcal/g = 272g
- 단백질 : 90g × 4kcal/g = 360kcal
- 지　질 : 1,815kcal − (1,089 + 360)kcal = 366kcal,　366kcal ÷ 9kcal/g = 40.7g ≒ 41g

(2) 2단계 : 식품군별 교환단위수 결정

각 식품군별 교환단위수를 결정한다.

① 환자의 기호를 고려하여 우유군, 과일군, 채소군의 단위수를 결정하여 당질, 단백질, 지질의 함량을 잠정적으로 산출한다.

(목표 : 에너지 1,815kcal, 당질 272g, 단백질 90g, 지질 41g)

식 품 군	식품교환수	당질(g)	단백질(g)	지질(g)	에너지(kcal)
곡 류 군					
어육류군					
채 소 군	6	18 3	12 2		120 20
지 방 군					
우유군 | 일반우유	2	20 10	12 6	14 7	250 125
과 일 군	2	24 12			100 50
소 계		62	24	14	470

② 곡류군의 단위수를 결정한다.

먼저 당질의 목표량에서 우유군, 과일군, 채소군에 함유된 당질의 양을 빼서 곡류 속에 함유될 수 있는 당질의 양을 구한다. 이렇게 구해진 당질의 양을 23g(곡류 1교환단위의 당질량)으로 나누어 나온 값이 1일에 필요한 곡류의 총 교환단위수가 된다. 구해진 교환단위수에 따라 곡류군으로부터 얻을 수 있는 당질과 단백질의 양을 구한다. 이때 3~4g 정도 차이가 있으면 과일군, 채소군에서 식품교환수를 조절한다.

【계산】

272g－62g＝210g, 210g ÷ 23g ≒ 9

식 품 군	식품교환수	당질(g)	단백질(g)	지질(g)	에너지(kcal)
곡 류 군	9	207 [23]	18 [2]		900 [100]
소 계		207	18		900
총 계		269	42	14	1,370

③ 어육류군의 교환단위를 결정한다.

곡류군, 채소군, 우유군에 함유된 단백질량을 합하여 목표량의 단백질량에서 뺀 후 8g(어육류군 1교환단위의 단백질 양)으로 나누어 얻은 값이 어육류군의 교환단위수이다.

이 교환단위수를 환자의 기호를 반영하여 저지방 어육류군과 중지방 어육류군으로 적절히 배분한다.

【계산】

90g－(12＋12＋18)g＝48g, 48g ÷ 8g＝6

(저지방 4, 중지방 2로 배분한 예)

식 품 군		식품교환수	당질(g)	단백질(g)	지질(g)	에너지(kcal)
어육류군	저지방	4		32 [8]	8 [2]	200 [50]
	중지방	2		16 [8]	10 [5]	150 [75]
	고지방					
소 계				48	18	350
총 계			269	90	32	1,720

④ 지방군의 교환단위를 구한다.

우유군, 어육류군에 함유된 지방 함량을 더하여 목표량에서 뺀다. 이렇게 산출된 값을 5g(지질 1교환량)으로 나누어 얻은 값이 지방군의 교환단위수가 된다.

【계산】

41g − (14 + 18)g = 9g, 9g ÷ 5g ≒ 2

식 품 군	식품교환수	당질(g)	단백질(g)	지질(g)	에너지(kcal)
지 방 군	2			10 5	90 45
소 계				10	90
총 계		269	90	42	1,810

이것을 종합하면 표 1-12 와 같다.

[표 1-12] **식품교환법을 이용한 1일 식품구성표**

식 품 군		식품교환수	당질(g)	단백질(g)	지질(g)	에너지(kcal)
곡 류 군		9	207 23	18 2		900 100
어육류군	저지방	4		32 8	8 2	200 50
	중지방	2		16 8	10 5	150 75
	고지방					
채 소 군		6	18 3	12 2		120 20
지 방 군		2			10 5	90 45
우유군	일반우유	2	20 10	12 6	14 7	250 125
	저지방우유					
과 일 군		2	24 12			100 50
총계			269	90	42	1,810

(3) 3단계 : 끼니별 배분

1일 교환단위수의 끼니별 배분을 한다.

식품 교환단위수가 결정되면 아침, 점심, 저녁 및 간식이 적절하게 분배될 수 있도록 하고 어느 한 끼에 지나치게 많지 않도록 배분한다.

표 1-13 은 표 1-12 에 의한 1일 식품구성표를 끼니별로 분배한 것이다.

[표 1-13] 1,810kcal 식단의 끼니별 배분의 예

구분	곡류군	어육류군			채소군	지방군	우유군		과일군
		저지방	중지방	고지방			일반우유	저지방우유	
아침	2	2			2	1	1		
점심	3	1	1		2	0.5			1
간식	1						1		1
저녁	3	1	1		2	0.5			
총계	9	4	2		6	2	2		2

(4) 4단계 : 식단 작성

끼니별 배분이 끝나면 실제로 식품을 선정하여 단위수만큼 중량을 택하여 음식을 섭취할 수 있도록 식단을 작성하되 환자의 기호, 음식의 색, 냄새, 모양, 환자의 경제상태 등을 고려한다.

표 1-14 는 표 1-12 , 표 1-13 을 기초로 하여 실제로 1,810kcal의 식단을 작성한 것이다.

[표 1-14] 1,810kcal 식단의 예

끼니	식단명	재료명	식품교환수(1교환량, g)	중량(g)	식품군
아침	밥	쌀	2(30)	60	곡류군
	콩나물국	콩나물	0.4(70)	28	채소군
	쇠고기볶음	쇠고기	2(40)	80	어육류군(저)
		당근	0.2(70)	14	채소군
		양파	0.2(70)	14	채소군
		식용유	1(5)	5	지방군
	도라지 생채	도라지	0.7(70)	49	채소군
	김치	배추	0.5(50)	25	채소군
	두유	두유	1(200)	200	우유군
점심	보리밥	쌀	2.5(30)	75	곡류군
		보리	0.5(30)	15	곡류군
	뭇국	무	0.5(70)	35	채소군
		쇠고기	0.5(40)	20	어육류군(저)
	알쌈	달걀	1(55)	50	어육류군(중)
		식용유	0.5(5)	2.5	지방군
	오이생채	오이	0.8(70)	56	채소군
	김치	열무김치	0.7(50)	35	채소군
	사과	사과	1(80)	80	과일군
간식	떡	인절미	1(50)	50	곡류군
	우유	우유	1(200)	200	우유군
	딸기	딸기	1(150)	150	과일군
저녁	밥	쌀	3(30)	90	곡류군
	배춧국	배추	0.5(70)	35	채소군
		조갯살	0.2(50)	25	어육류군(저)
	꽁치구이	꽁치	1(50)	50	어육류군(중)
	버섯볶음	쇠고기	0.8(40)	32	어육류군(저)
		싸리버섯	0.4(70)	28	채소군
		양파	0.3(70)	21	채소군
		당근	0.2(70)	14	채소군
		식용유	0.5(5)	2.5	지방군
	깍두기	깍두기	0.6(50)	30	채소군

실습 1

식품 1 교환량 실습

날 짜	학 번	조	이 름	담당 교수	평 가

1. 실습 목표 : 각 식품군의 1교환량과 목측량을 알아보고, 식품교환표를 이용하여 자신의 1일 식단을 작성해 본다.

2. 실습준비물 : 식품재료, 저울, 큰 개인접시, 큰 공동접시, 소형 랩, 비닐봉지

3. 실습 순서 :

① 각 식품군에 해당하는 식품 재료의 1교환량을 계측하고, 목측량을 작성한 후 각각 랩에 싸서 개인 큰 접시에 담아둔다.

② 접시에 담긴 식품의 식품군과 교환량을 서로 질문해가며 확인한다.

③ 자신의 1일 에너지 필요량을 추정한 후 식품교환표를 이용하여 하루 식단을 작성해 본다.

식품군	식 품	비고
곡류군	쌀, 보리, 인절미, 식빵, 모닝빵, 시리얼, 크래커(에이스, 오곡쿠키, 새우깡 등), 감자, 고구마, 국수, 당면, 도토리묵	
어육류군	육포, 오징어채, 뱅어포, 멸치(중), 달걀, 쇠고기, 돼지고기, 닭고기, 햄, 물오징어, 새우(껍질 제거), 참치통조림, 어묵, 명란젓, 검정콩, 두부, 순두부, 베이컨	
채소군	오이, 당근, 애호박, 풋고추, 피만, 컬리플라워, 브로콜리, 콩나물, 상추, 양배추, 양상추, 김, 깻잎, 고춧잎, 우엉, 양파, 채소주스	
과일군	사과, 배, 귤, 키위, 포도(캠벨), 거봉, 바나나, 단감, 참외, 딸기 등 제철 과일, 오렌지주스, 사과주스, 토마토주스,	
우유군	우유, 액상 요구르트, 호상 요구르트, 아이스크림,	
지방군	콩기름, 참기름, 버터, 마요네즈, 해바라기씨, 호두, 잣, 땅콩,	

4. 실습 결과

1) 식품군 별 1교환량 측정

식품군	식품	1교환량(g)	목측량	비고 (폐기율)
곡류군	쌀	30		
	ㄴ 밥을 짓는다.	(70)		3배 분량의 쌀로 밥을 지은 후 3등분한 분량 측정
	보리	30		
	인절미	50		
	식빵	35		
	모닝빵	35		
	시리얼	30		
	크래커(에이스)	20	개	
	새우깡	20	개	
	감자	140		
	고구마	70		
	국수(건)	30	가닥	
	ㄴ 삶는다	(90)		
	당면(건)	30		
	ㄴ 삶는다	(90)		
	도토리묵	200		
어육류군	육포	15		
	오징어채	15		
	뱅어포	15		
	멸치(중)	15		
	달걀	55		
	쇠고기	40		
	ㄴ 굽는다			크기 변화 비교
	돼지고기	40		
	ㄴ 굽는다			크기 변화 비교
	닭고기	40		
	ㄴ 굽는다			크기 변화 비교
	햄	40		

식품군	식품	1교환량(g)	목측량	비고 (폐기율)
어육류군	물오징어	50		
	새우(깐 것)	50		
	참치통조림	50		
	어묵	40		
	명란젓	40		
	검정콩	20		
	두부	80		
	순두부	200		
채소군	오이	70		
	당근	70		
	애호박	70		
	풋고추	70	개	
	피망	70		
	컬리플라워	70		
	브로콜리	70		
	콩나물	70		
	상추	70	장	
	양배추	70		
	양상추	70		
	김	2	장	
	깻잎	40	장	
	고춧잎	25		
	우엉	40		
	양파	50		
	채소주스	200		
과일군	사과	80		
	배	110		
	귤	120		
	키위	80		
	포도(캠벨)	80	개	
	거봉	80	개	
	바나나	50		

식품군	식품	1교환량(g)	목측량	비고 (폐기율)
과일군	단감	50		
	참외	150		
	딸기	150		
	오렌지주스	100		
	사과주스	100		
	토마토주스	100		
우유군	우유	200		
	액상 요구르트	150(포장단위)		
	호상 요구르트	100(포장단위)		
	아이스크림	100		
	조제분유	25		
지방군	콩기름	5	1 작은술	
	참기름	5	1 작은술	
	버터	5	1 작은술	
	마요네즈	5	1 작은술	
	해바라기씨	8		
	호두	8	개	
	잣	8	개	
	땅콩	8	개	

2) 식품교환표를 활용한 영양가 계산

(1) 식품교환표를 완성하시오.

		교환단위	당질(g)	단백질(g)	지질(g)	에너지(kcal)
곡 류 군		1				
어육류군	저지방	1				
	중지방	1				
	고지방	1				
채 소 군		1				
지 방 군		1				
우유군	일반우유	1				
	저지방우유	1				
과 일 군		1				

(2) 식품교환표를 활용하여 아침 식단에서 섭취한 에너지와 단백질량을 계산하시오.

아침식단	교환수	당질(g)	단백질(g)	지질(g)	에너지(kcal)
토스트(식빵) 2쪽 70g					
버터 1조각 5g					
달걀 반숙 1개 55g					
양상추샐러드 70g					
올리브유 5g					
우유 1컵 200g					
사과 (중) 80g					
총 계					

아침 식사의 에너지 ______________kcal, 단백질 ____________g

(3) 식품교환표를 활용하여 저녁 식단에서 섭취한 열량, 당질, 단백질, 지질 양을 계산하시오.

구분	음식명	재료명	분량(g)	곡류군	어육류군		채소군	지방군	우유군		과일군
					저지방	중지방			일반우유	저지방우유	
저녁	보리밥	쌀	50								
		보리	10								
	미역국	건미역	6								
		쇠고기	10								
	달걀찜	달걀	55								
	양배추무침	양배추	50								
		오이	20								
	고구마순 나물	고구마순	70								
		참기름	2								
	배추김치	배추김치	50								
	참외	참외	150								
저녁 식단의 식품교환수의 합											
당질(g)											
단백질(g)											
지질(g)											
에너지(kcal)											
영양소섭취량				에너지 kcal, 당질 g, 단백질 g, 지질 g							

(4) 다음 각 식품군과 대치할 수 있는 식품을 5가지씩 열거하시오.

식품 및 함량	대치식품
쌀 (30g)	
멸치 (15g)	
쇠고기(등심) (40g)	
참치통조림 (50g)	
우유 (200g)	
당근 (70g)	
식용유 (5g)	
사과 (80g)	

(5) 자신이 섭취한 한 끼 식단을 적고 에너지, 당질, 단백질, 지질 섭취량을 계산하시오.

식단	교환수	당질(g)	단백질(g)	지질(g)	에너지(kcal)
소 계					

에너지 ______________kcal, 단백질 ____________g

3) 자신의 1일 식품교환수 및 식단 작성 실습

자신의 1일 에너지 필요추정량과 3대 영양소량(C : P : F = 65 : 15 : 20)을 계산한 후 자신의 기호를 반영하여 자신에게 바람직한 식품교환수를 작성하시오. 작성된 식품 교환단위수를 이용하여 3끼 식사를 배분하고 그에 맞는 식단을 완성해 보시오.

(1) 1일 에너지 필요량 산출

자신의 1일 에너지 필요추정량 계산

◈ 한국인 영양섭취기준

성인남자: 662 − (9.53 × 연령) + PA*[15.91 × 체중(kg) + 539.6 × 신장(m)]

성인여자: 354 − (6.91 × 연령) + PA[(9.36 × 체중(kg) + 726 × 신장(m)]

* PA(저활동적) = 1.11(남), PA(저활동적) = 1.12(여) , PA(활동적) = 1.25(남), PA(활동적) = 1.27(여)

(2) 당질, 단백질 및 지질 양 산출(C : P : F = 65 : 15 : 20)

(3) 1일 영양기준량

에너지(kcal)	당질(g)	단백질(g)	지질(g)	C : P : F

(4) 1일 식품교환수 계산

식품군		교환수	당질(g)	단백질(g)	지질(g)	에너지(kcal)
우유군	일반우유					
	저지방우유					
채 소 군						
과 일 군						
곡 류 군						
어육류군	저지방					
	중지방					
	고지방					
지 방 군						
계						

(5) 1일 식품교환수 완성

식품군	곡류군	어육류군			채소군	지방군	우유군		과일군
		저지방	중지방	고지방			일반우유	저지방우유	
교환단위수									

(6) 끼니별 분배

식품군	곡류군	어육류군			채소군	지방군	우유군		과일군
		저지방	중지방	고지방			일반우유	저지방우유	
아침									
간식									
점심									
간식									
저녁									
간식									
계									

(7) 1일 식단

끼니	음식명	재료명	식품교환수 (1교환량, g)	중량(g)	식품군
아침					
간식					
점심					
간식					
저녁					
간식					

2 Chapter 병원식

병원식 hospital diet은 병원에서 입원한 환자에게 주는 식사를 의미하며, 병인식 또는 환자식이라고 한다. 병원식은 환자의 고통을 덜어주며 병의 악화를 방지하고, 병의 치료를 신속히 하며 재발을 방지하는 것을 목적으로 환자에게 주는 식사를 말한다. 병원식에서는 일반치료식과 특별치료식, 그리고 경관급식을 통한 영양지원이 있다.

1. 일반치료식

1) 일반식

(1) 적용 대상

일반식 general diet은 환자의 영양상태를 양호하게 유지시키면서 질병치료에 도움을 주는 것을 목표로 하며, 식사 제한을 필요로 하지 않는 일반 입원환자에게 주는 식사로서 내용, 형태 및 양에 특별한 제약이나 변경을 하지 않는 건강인의 식사와 동일한 식사를 말한다. 즉, 한국인의 영양섭취기준에 기본을 두고 6가지 식품군을 적절하게 사용하여 영양소의 균형을 맞춘 식사를 의미한다. 일반식을 정상식 normal diet, 표준식 standard diet, 보통식 common diet 등으로도 부른다. 일반식은 외상 환자, 산부인과 환자, 정신질환 환자에게 제공하는 식사이다.

(2) 목표

식품의 종류, 성분, 질감 등에 제약 없이 한국인 영양섭취기준의 권장량에 준한 균형식사를 준다.

(3) 식사원칙 및 유의사항

일반식 환자일지라도 운동량 감소로 활동대사량의 저하, 소화능력의 저하, 식욕감퇴 등이 일어나기 쉬우므로 주의를 요한다.

① 오래 사용한 기름으로 튀긴 음식은 피하는 것이 좋다.
② 자극성이 강한 조미료와 향신료는 피하는 것이 좋다.
③ 위생상 안전한 식품을 선택하여 소화가 잘되게 조리해야 한다.
④ 가능한 한 계절식품을 선택한다.
⑤ 싱겁게 조리하고 다양한 식단을 선택한다.
⑥ 일반식의 영양기준량

- 에너지 : 30~35kcal/kg/일, 1,900~2,300kcal/일
- 당　질 : 310~360g/일,
  에너지의 55~70%로 하고 1,200~1,475kcal/일이 되도록 한다.
- 단백질 : 0.8~1.2g/kg/일, 65~90g/일
  에너지의 7~20%로 하고 그중 동물성 단백질은 40~50%로 한다.
- 지　질 : 40~50g/일,
  에너지의 15~25%로 하고 불포화지방산 : 포화지방산을 2:1로 한다.
- 비타민과 무기질 : 영양권장섭취량에 준한다.

(4) 환자식

【사례】
25세 여성, 팔 골절 환자임
신장 169cm, 체중 60kg
대학생이며 중등 활동을 함

① 1단계 : 표준체중 구하기

표준체중 구하기 : 1.69 m × 1.69 m × 21 ≒ 60kg

② 2단계 : 비만도 판정하기

표준체중비(%) 구하기 : 60kg ÷ 60kg × 100 = 100%(정상체중)

③ 3단계 : 영양기준량 구하기

에너지 : 60.0kg × 35kcal / kg = 2,100kcal

당　질 : 2,100kcal × 0.65 = 1,365kcal,　1,365kcal ÷ 4kcal/g = 341g

단백질 : 2,100kcal × 0.16 = 336kcal,　336kcal ÷ 4kcal/g = 84g

지　질 : 2,100kcal − (1365 + 336) kcal = 339kcal,　339kcal ÷ 9kcal/g = 44g

④ 1일 영양기준량

에너지(kcal)	당질(g)	단백질(g)	지질(g)	C:P:F
2,100	341	84	44	65:16:19

⑤ 1일 식품구성 예 : 2,100kcal

식품군	곡류군	어육류군			채소군	지방군	우유군		과일군
		저지방	중지방	고지방			일반우유	저지방우유	
교환단위수	13	4	1		7	5	1		1

식 품 군		교환수	당질(g)		단백질(g)		지질(g)		에너지(kcal)	
곡 류 군		13	299	23	26	2			1,300	100
어육류군	저지방	4			32	8	8	2	200	50
	중지방	1			8	8	5	5	75	75
	고지방	−								
채 소 군		7	21	3	14	2			140	20
지 방 군		5					25	5	225	45
우유군	일반우유	1	10	10	6	6	7	7	125	125
과 일 군		1	12	12					50	50
계			342		86		45		2,115	

⑥ 끼니별 배분의 예

식품군	곡류군	어육류군			채소군	지방군	우유군		과일군	에너지 (kcal)
		저지방	중지방	고지방			일반우유	저지방우유		
아침	3	1			2	1				560
점심	4	1	1		3	1	1			630
간식	2					2			1	340
저녁	4	2			2	1				585
계	13	4	1		7	5	1		1	2,115

⑦ 식단의 예

끼니	음식명	재료명	식품교환수(1교환량, g)	중 량(g)	식품군
아침	쌀밥	백미	2.5(30)	75	곡류군
		보리쌀	0.5(30)	15	곡류군
	콩나물국	콩나물	0.5(70)	35	채소군
		조개	0.1(70)	7	어육류군(저)
	양송이 고기볶음	쇠고기	0.9(40)	36	어육류군(저)
		양송이	0.3(50)	15	채소군
		양파	0.2(70)	14	채소군
		식용유	1(5)	5	지방군
	오이생채	오이	0.5(70)	35	채소군
	김치	포기김치	0.5(50)	25	채소군
점심	쌀밥	백미	3(30)	90	곡류군
		보리쌀	1(30)	30	곡류군
	우거짓국	배추	1(70)	70	채소군
		쇠고기	1(40)	40	어육류군(저)
		양파	0.4(70)	28	채소군
	생선구이	삼치	1(50)	50	어육류군(중)
	풋고추조림	풋고추	1(70)	70	채소군
		식용유	1(5)	5	지방군
	깍두기	깍두기	0.6(50)	30	채소군
	우유	우유	1(200)	200	우유군

끼니	음식명	재료명	식품교환수(1교환량, g)	중 량(g)	식품군
간식	토스트	식빵	2(35)	70	곡류군
		마가린	2(5)	10	지방군
	주스	오렌지주스	1(100)	100	과일군
저녁	현미밥	백미	3(30)	90	곡류군
		현미찹쌀	1(30)	30	곡류군
	생선찌개	동태	1(50)	50	어육류군(저)
		호박	0.3(70)	21	채소군
		무	0.4(70)	28	채소군
		양파	0.3(70)	21	채소군
	돼지고기구이	돼지고기	1(40)	40	어육류군(저)
		참기름	0.8(5)	4	지방군
	시금치나물	시금치	0.5(70)	35	채소군
		참기름	0.2(5)	1	지방군
	김치	포기김치	0.5(50)	25	채소군

2) 회복식

(1) 적용 대상

회복식 light diet은 소화흡수가 쉽고 위장에 부담을 적게 하여 영양상태를 양호하게 하고 질병의 개선을 목표로 하며, 연식에서 일반식으로 이양하기 직전의 식사로서 식품 구성 내용은 일반식과 거의 비슷하다. 회복식은 일반식을 적용하는 환자 중 소화능력이 떨어지는 환자에게 적용하지만, 연식에서 직접 일반식으로 이행하는 경우도 많다.

(2) 목표

소화가 잘되고 위장에 부담을 주지 않는 식품을 선택하여 식단을 작성한다.

(3) 식사원칙 및 유의사항

주식은 부드러운 진밥을 공급하고, 기름에 튀기거나 기름이 많은 음식이나 질긴 생채소와 과일은 피하고, 강한 조미료는 제한하고, 육류를 부드럽게 조리하는 것이 바람직하다 표 2-1.

(4) 환자식

① 1일 영양공급량의 예

- 에너지 : 1,800kcal/일
- 당　질 : 270g/일
- 단백질 : 90g/일
- 지　질 : 40g/일
- 나트륨 : 2,000mg/일

② 1일 식품구성의 예

식품군	곡류군	어육류군			채소군	지방군	우유군		과일군
		저지방	중지방	고지방			일반우유	저지방우유	
교환단위수	10	4	2		8	3	1		1

[표 2-1] **회복식에 적용하는 식품**

<table>
<tr><th>식 품 군</th><th>허 용 식 품</th><th>제 한 식 품</th></tr>
<tr><td>달 걀</td><td>완숙, 반숙, 수란, 스크램블에그</td><td rowspan="11">상추와 토마토를 제외한 샐러드, 바나나와 과일주스를 제외한 생과일, 거칠은 줄기가 있는 채소류, 기름을 많이 사용한 파이 종류</td></tr>
<tr><td>어 육 류</td><td>삶거나 찌거나 또는 구운 것으로 연한 쇠고기, 양고기, 간, 생선, 가금류</td></tr>
<tr><td>우유및 유제품</td><td>우유음료, 버터 밀크, 크림, 치즈</td></tr>
<tr><td>빵</td><td>밀가루, 빵, 정제된 크래커</td></tr>
<tr><td>곡류제품</td><td>밥, 마카로니, 스파게티, 국수</td></tr>
<tr><td>유 지 류</td><td>기름, 버터, 마가린</td></tr>
<tr><td>채 소 류</td><td>저섬유 채소 요리 (콩, 당근, 푸른콩, 풋콩, 감자, 시금치, 호박등을 삶거나 굽거나 또는 냄비에 끓인다), 상추와 토마토 샐러드</td></tr>
<tr><td>과 일 류</td><td>과일주스와 익은 바나나</td></tr>
<tr><td>국이나 수프</td><td>맑은 국물, 맑은 수프, 채소국, 크림수프</td></tr>
<tr><td>후 식</td><td>푸딩, 케이크, 과자</td></tr>
<tr><td>음 료</td><td>모든 음료</td></tr>
</table>

3) 연 식

(1) 적용 대상

연식 soft diet은 일반식을 줄 수 없는 환자에게 소화가 잘되고 부드럽게 조리하여 영양소의 부족이 없도록 음식을 공급하는 식사로, 씹지 않고도 먹을 수 있게 한 것이다.

연식은 소화기계 질환 환자, 구강과 식도에 장애가 있는 환자, 수술 후의 회복기 환자, 급성감염 환자 등에게 처방된다.

기계적 연식 mechanical soft diet은 씹지 않고 넘길 수 있게 다지거나 체에 걸러서 만든 음식이다. 치아가 없는 환자, 극도로 쇠약한 환자, 연하곤란 환자, 장관협착증이 있는 환자, 정맥영양이나 경관급식에서 고형식이로 이행하는 환자에게 제공하며, 너무 차거나 뜨거운 음식을 피한다.

퓨레식 pureed diet은 으깨어 농축하거나 체에 걸러 최소한의 저작작용으로 삼킬 수 있도록 액상으로 제공된다. 구강이나 식도에 염증이 있거나 궤양이 있는 환자, 치아가 없는 환자, 식도나 구강 수술 후 음식을 씹을 수 없는 환자 등에 이용된다. 너무 차거나 뜨거운 음식은 피하고 실온으로 부드러운 음식을 제공한다.

(2) 목표

주식의 형태를 죽으로 공급하며, 연하고 소화되기 쉬운 부식을 곁들어 배식한다.

(3) 식사원칙 및 유의사항

연식은 액체와 반고체 상태의 식사로 강한 향신료나 조미료의 사용은 제한하고 소화가 잘 안 되는 섬유소와 결체조직이 많은 식품을 피해야 한다.

① 연식은 1회 섭취 가능한 영양소의 양이 적기 때문에 1일 5~6회 급식하고 장기간 섭취하게 되면 영양결핍증을 초래하므로 단시일에 회복식이나 일반식으로 이양해야 한다.

② 처음에 유동식에서 연식으로 이행할 때는 수분이 많은 미음과 같은 형태의 죽을 주고, 회복 정도에 따라 점차 수분이 적은 된 죽을 제공한다 표 2-2 .

③ 튀긴 음식과 기름에 지진 생선과 두부, 질긴 섬유소, 결체조직이 많은 육류 등을 피한다. 조리된 음식이라도 으깨거나 체에 거르면 효과적이다. 표 2-3 에는 연식에 관련된 식품이 제시되어 있다.

[표 2-2] 연식과 유동식에 사용하는 죽과 미음

종 류		용량 비율	100g 중의 영양가				
		전죽 : 미음	수분(g)	에너지(kcal)	당질(g)	단백질(g)	지질(g)
유동식	미 음	0 : 10	93.5	26	6.0	0.4	0
연식	1 부죽	1 : 9	92.7	29	6.8	0.5	0
	3 부죽	3 : 7	90.0	36	8.3	0.7	0
	5 부죽	5 : 5	89.3	42	9.8	0.8	0
	7 부죽	7 : 3	87.6	48	11.3	0.9	0
	전죽	10 : 0	85.0	60	13.5	1.2	0.1

[표 2-3] 연식에 관한 식품

식 품 군	허 용 식 품	제 한 식 품
죽	흰죽, 감자죽, 옥수수죽(껍질 없이), 우유	섬유질이 많은 잡곡죽
감자류	죽(감자껍질 없이), 토란	감자튀김, 포테이토칩 고구마 음식 일체
면 류	칼국수, 물국수	라면, 자장면
빵 류	토스트(가장자리 없이), 기름기 없는 크래커	기타
육 류	곱게 다진 쇠고기로 만든 요리, 닭간, 연한 닭고기	결합조직이 많은 쇠고기, 돼지고기 튀긴고기요리
어 류	기름기가 적은 흰살 생선의 살코기, 굴	기름기가 많은 생선 어묵, 생선튀김, 생선자반
난 류	반숙달걀, 수란, 스크램블에그, 찜	달걀튀김(프라이)
두 류	두부, 순두부, 두유	유부, 거르지 않은 콩국, 비지
유 류	우유, 연유, 분유, 흰 아이스크림, 연질 치즈	감미치즈, 땅콩 아이스크림, 딸기 아이스크림
채소류	채소즙, 시금치, 당근, 아욱, 애호박, 어린완두콩, 아스파라거스, 쑥갓 등 익힌 것	건조채소, 강미채소 고섬유소 채소
과일류	과즙, 익은 복숭아, 사과소스, 익은 바나나	건조과일, 덜 익은 과일, 생과일,수박, 참외, 감, 배
유지류	버터, 마가린, 크림, 양념기름 소량	기타
과자류	카스텔라, 비스킷, 푸딩, 커스터드, 아이스크림	도우넛, 파이, 케이크, 기름기 많은 과자
당 류	꿀, 설탕, 시럽, 젤리, 물엿	잼, 마멀레이드
음 료	커피, 차, 우유, 코코아	보리미숫가루, 술
향신료	계핏가루, 약간의 후추	고춧가루, 겨자, 카레분, 고추냉이

④ 연식의 영양기준량

- 에너지 : 1,600~1,800kcal/일
- 당　질 : 230~270g/일, 에너지의 50~60%가 되도록 한다.
- 단백질 : 65~95g/일, 에너지의 16~22%가 되게 한다.
- 지　질 : 30~45g/일, 에너지의 17~25%가 되도록 한다.

(4) 환자식

【사례】
45세 남성, 외과 수술후 회복기 환자임
신장 165cm, 체중 64kg
입원중이며 가벼운 활동을 함

① 1단계 : 표준체중 구하기

표준체중 구하기 : 1.65m × 1.65m × 22 ≒ 60kg

② 2단계 : 비만도 판정하기

표준체중비(%) 구하기 : 64kg ÷ 60kg = 107%(정상체중 범위임)

③ 3단계 : 영양기준량 구하기

에너지 : 60kg × 30kcal / kg = 1,800kcal

당　질 : 1,800kcal × 0.59 = 1,062kcal,　1,062kcal ÷ 4kcal/g = 265g

단백질 : 1,800kcal × 0.21 = 380kcal,　380kcal ÷ 4kcal/g = 95g

지　질 : 1,800kcal − (1062 + 380) kcal = 358kcal,　358kcal ÷ 9kcal/g = 40g

④ 1일 영양기준량

에너지(kcal)	당질(g)	단백질(g)	지질(g)	C:P:F
1,800	265	95	40	59:21:20

⑤ 1일 식품구성의 예 : 1,800kcal

식품군	곡류군	어육류군			채소군	지방군	우유군		과일군
		저지방	중지방	고지방			일반우유	저지방우유	
교환단위수	9.5	5	2		7	3	1		1

식 품 군		교환수	당질(g)		단백질(g)		지질(g)		에너지(kcal)	
곡 류 군		9.5	219	23	19	2			950	100
어육류군	저지방	5			40	8	10	2	250	50
	중지방	2			16	8	10	5	150	75
	고지방	–								
채 소 군		7	21	3	14	2			140	20
지 방 군		3					15	5	135	45
우 유 군		1	10	10	6	6	7	7	125	125
과 일 군		1	12	12					50	50
계			262		95		42		1,800	

⑥ 끼니별 배분의 예

식품군	곡류군	어육류군			채소군	지방군	우유군		과일군	에너지 (kcal)
		저지방	중지방	고지방			일반우유	저지방우유		
아침	2	1			2.5	0.5				323
간식	2		1			1			1	370
점심	3	1	1		2					465
간식	0.5					1	1			220
저녁	2	3			2.5	0.5				423
계	9.5	5	2		7	3	1		1	1,800

⑦ 식단의 예

끼니	음식명	재료명	식품교환수(1교환량, g)	중 량(g)	식품군
아침	흰죽	쌀	1.8(30)	54	곡류군
	된장찌개	감자	0.2(140)	28	곡류군
		표고	0.7(50)	35	채소군
		양파	0.3(70)	21	채소군
		멸치		3	
	가자미조림	가자미	1(50)	50	어육류군(저)
		무	0.3(70)	20	채소군
		양파	0.2(70)	14	채소군
	애호박나물	애호박	1(70)	70	채소군
		새우젓국물		2	
		참기름	0.5(5)	2.5	지방군
간식	잣죽	쌀	2(30)	60	곡류군
		잣	1(5)	5	지방군
	두부조림	두부	1(80)	80	어육류군(중)
	주스	오렌지주스	1(100)	100	과일군
점심	장국죽	쌀	2.5(30)	75	곡류군
		쇠고기(다진 것)	1(40)	40	어육류군(저)
	시금치나물	시금치	1(70)	70	채소군
	달걀찜	달걀	1(55)	55	어육류군(중)
	묵무침	청포묵	0.5(200)	100	곡류군
		김	0.5(2)	1	채소군
	나박김치	나박김치		35	
간식	으깬감자	감자	0.5(140)	70	곡류군
		버터	1(5)	5	지방군
	우유	우유	1(200)	200	우유군
저녁	닭죽	쌀	2(30)	60	곡류군
		닭고기	1.5(40)	60	어육류군(저)
	생선찜	조기	1.5(50)	70	어육류군(저)
	오이나물	오이	0.7(70)	50	채소군
	숙주나물무침	숙주나물	0.7(70)	50	채소군
		참기름	0.5(5)	2.5	지방군
	나박김치	나박김치	0.6(70)	40	채소군

4) 전유동식

유동식에서는 맑은 유동식 clear liquid diet과 전유동식 full liquid diet의 두 종류가 있다. 전유동식은 맑은 유동식에서 연식으로 이행하는 중간 단계의 식이이다.

(1) 적용 대상

전유동식은 질병이 심한 경우에 위장관의 자극을 줄이고 쉽게 소화, 흡수될 수 있도록 모든 영양소를 유동형 식사로 공급하는 것이다.

전유동식은 구강, 인후, 식도 등에 장애가 있는 환자, 위장 질환이 심한 환자, 급성 감염환자, 고열환자, 심한 화상환자, 극도의 전신 쇠약과 수술 후 의식장애로 음식을 삼키기가 곤란한 환자 등에게 공급한다.

(2) 목표

수분을 공급해 주는 것이 주된 목적인 전유동식에는 영양소와 에너지가 충분하지 못해 장기간 지속할 경우 영양부족증에 걸리게 되므로, 단백질, 철분, 비타민 B 복합체가 부족하지 않도록 계획하여 공급한다.

(3) 식사원칙 및 유의사항

전유동식은 에너지와 영양소가 부족하지 않도록 유아용 균질육, 연유, 분유, 탈지분유, 아이스크림 등을 첨가하여 에너지, 단백질, 비타민을 보충하도록 한다. 전유동식이에 많이 사용되는 음식은 미음, 우유, 두유, 달걀, 각종 수프, 과즙 등이 있고 셔벗, 아이스크림과 같이 고형이나 입안에서 유동식으로 되는 것도 이용한다.

① 잔사나 자극이 적은 식품으로 조리하고 가능한 한 단기간만 급식하는 것이 좋다. 환자의 식욕과 소화 능력에 따라 소량씩 자주 공급해 주며, 보통 1일 4~6회 급식한다.

② 주로 경구로 섭취하나 환자가 의식장애이거나 음식을 삼키기 어려울 때는 경관급식을 하기도 한다.

③ 단기간 실시해야 하며 3일 이상 지속 시에는 영양보충액이나 영양혼합식품 blenderized foods을 이용하여 영양상태를 개선해야 한다.

전유동식에 관한 식품이 표 2-4 에 제시되어 있고, 전유동식의 6회 급식 식단 작성의 예가 제시되었다.

[표 2-4] **전유동식에 관한 식품**

식품군	허용식품	제한식품
미음	미음	알코올, 고춧가루, 고추, 마늘, 생강과 같은 자극성 강한 향신료와 조미료
수프	육즙, 크림수프	
육류	고기 국물, 균질육(baby food)	
어류	어류로 만든 국물	
달걀	달걀 가루, 커스터드, 푸딩	
두류	두유 및 두유 음료	
채소류	채소즙, 채소 으깬 것, 채소 삶은 국물	
과일류	과즙	
우유류	우유 및 유제품	
유지류	버터, 마가린, 크림	
음료	커피, 코코아, 차, 탄산 음료, 곡물음료 등	
기타	설탕, 캔디	

(4) 환자식

① 1일 영양기준량

에너지(kcal)	당 질(g)	단백질(g)	지 질(g)
1,200~1,400	190~230	40~50	30~40

② 식단의 예

아침	간식	점심	간식	저녁	간식
조미음 (300mL) 감자수프 (200mL) 우유 (200mL) 오렌지주스 (200mL)	푸딩 (100g) 사과주스 (200mL)	미음 (300mL) 크림수프 (250mL) 포도주스 (200mL) 호상요구르트 (100mL)	아이스크림 (100g)	잣미음 (300mL) 연한 된장국물 (150mL)	두유 (200mL)

5) 맑은 유동식

(1) 적용 대상

맑은 유동식 clear liquid diet은 급성위장질환, 심하게 쇠약한 환자, 수술 후의 환자에게 수분을 공급하기 위하여 처음으로 처방되는 경구급식이다. 주로 당질과 물로 구성된 맑은 음료로서 에너지와 각종 영양소가 부족한 식사이다.

(2) 목표

맑은 유동식은 위장관을 자극하지 않고 쉽게 흡수되도록 하고 탈수방지와 갈증해소를 위한 수분을 공급하는 것을 목표로 한다. 장기간 지속할 경우 영양부족증에 걸리게 되므로 짧은 기간 공급해야 한다.

(3) 식사원칙 및 유의사항

맑은 유동식은 차, 맑은 육즙, 보리차, 콩나물 국물, 맑은 주스 등 최소 잔사 식품을 공급해야 하고, 우유, 유제품, 지방이 많은 국물, 섬유소가 많은 식품 등은 피해야 한다.

① 환자의 수분공급을 위해 급식하므로 영양소가 부족하여 단시간에 끝내야 하며 1일 6회 급식하며 1~3일 이상 사용하지 않는다.

② 음식은 체온과 동일한 온도로 공급해야 한다.

③ 1일 에너지 공급량은 약 400~800kcal이므로 가능한 한 빨리 전유동식으로 이양하도록 한다.

맑은 유동식에 관한 식품은 **표 2-5** 와 같다.

[표 2-5] 맑은 유동식에 적용하는 식품

식품군	허용식품	제한식품
음료	끓여서 식힌 물 또는 얼음, 보리차,옥수수차, 연한 홍차, 녹차, 레모네이드, 인삼차	지방질이 함유된 모든 식품류, 자극성인 식품 : 김치국물, 파, 마늘, 기타 강한 맛과 냄새로 위나 장의 점막을 자극하는 조미료를 넣은 국물류
수프	육즙, 맑은 장국	
과일류	맑은 과즙, 오렌지주스, 사과주스	
후식	젤라틴, 과즙으로 만든 얼음류	
당류	설탕, 아무것도 넣지 않은 알사탕, 꿀	
기타	소금 약간, 젤라틴으로 만든 묵	

(4) 환자식

① 1일 영양기준량

에너지(kcal)	당 질(g)	단백질(g)	지 질(g)
400~800	90~180	4~6	0~1

② 1일 식단의 예

아침	간식	점심	간식	저녁	간식
오렌지주스 (200mL) 설탕을 넣은 연한 홍차 (200mL)	사과주스 (200mL)	맑은 조미음* (200mL) 포도주스 (200mL) 꿀을 넣은 대추차 (200mL)	사이다 (100mL)	맑은 닭국물 (200mL) 젤라틴 (200mL) 꿀 넣은 인삼차 (200mL)	레모네이드 (150mL)

* 맑은 유동식에서 곡류는 제한하나, 우리나라의 경우 묽은 곡물미음을 공급하는 경우도 있음.

6) 연식 및 유동식 음식의 조리법(4인 분량 기준)

(1) 달걀찜

재료	중량(g)	만드는 법
달걀	220	① 달걀과 물을 동량으로 하여 함께 잘 풀어 섞는다. ② 양파를 강판에 갈은 양파즙과 소금을 ①에 넣고 잘 저어준다. ③ 두꺼운 사기그릇에 달걀 푼 것을 붓고 찜통에 넣어 중간 불에서 10분 정도 찐다. ④ 가장자리와 윗부분이 응고하기 시작하면 숟가락으로 가만히 한 번 뒤섞은 후, 다시 찜통의 뚜껑을 닫고 1분가량 더 찐다.
물	220	
소금	약간	
양파즙	10	

* 유의사항 : 강한 불에서 찌거나 너무 오래 찌면 해면조직이 생기므로 주의한다.

(2) 흰죽

재료	중량(g)	만드는 법
쌀	200	① 쌀은 잘 씻어 1시간 정도 불린다. ② 쌀의 7배 정도의 물을 붓고 중간불에서 끓인다. ③ 죽이 끓기 시작하면 약한불에서 쌀이 퍼질 때까지 끓인다. ④ 불을 끈 후 5분 정도 두면 완성된다.
물	1400	
소금	약간	

* 유의사항: 필요시 7부죽이나 3부죽을 만들 수 있다
3부죽 = 전죽: 미음 = 3: 7 = 90mL : 210mL
7부죽 = 전죽: 미음 = 7: 3 = 210mL : 90mL

(3) 잣죽

재료	중량(g)	만드는 법
쌀	200	① 쌀은 잘 씻어 1시간 정도 불린다. ② 잣은 다지거나 블렌더에 살짝 간다. ③ 잣과 쌀을 함께 넣고 쌀의 7배 정도의 물을 붓고 중간불에서 끓인다. ④ 죽이 끓기 시작하면 약한불에서 쌀이 퍼질 때까지 끓인다.
물	1400	
잣	20	
소금	약간	

(4) 크림수프

재료	중량(g)	만드는 법
밀가루	40	① 팬에 버터를 녹인 후 밀가루를 넣고 약한 불에서 볶는다. ② 우유를 조금씩 붓고 덩어리가 생기지 않도록 약한불에서 잘 저으면서 끓인다. ③ 완성되면 소금으로 간을 한다.
버터	20	
우유	800	
소금	약간	

(5) 감자수프

재료	중량(g)	만드는 법
밀가루	20	① 감자와 양파를 냄비에 넣은 후 소량의 물을 붓고 푹 삶은 후 잘 으깨어 체에 거른다. ② 팬에 버터를 녹인 후 밀가루를 넣고 약한불에서 볶는다. ③ ②에 우유를 조금씩 붓고 덩어리가 생기지 않도록 약한 불에서 잘 젓는다. ④ ③에 체에 거른 감자와 양파를 넣고 함께 끓인다.
버터	10	
우유	600	
소금	약간	
감자	200	
양파	30	
물	500	
후추	약간	

* 유의사항 : 우유는 타기 쉬우므로 항상 약한불에 올려놓고 저어가면서 조리를 한다.

(6) 콘스타치푸딩

재료	중량(g)	만드는 법
전분	30	① 찜통에 두꺼운 유리그릇을 넣고 바닐라 외의 모든 재료를 혼합한 것을 넣고 저어가면서 중탕을 한다. ② 우유가 걸쭉해지면, 바닐라를 넣어 잘 섞는다.
설탕	20	
우유	600	
바닐라	약간	

* 유의사항 : 푸딩은 식혀서 묵이 된 후에 먹는다.

(7) 조미음

재료	중량(g)	만드는 법
쌀	120	① 쌀과 조는 잘 씻어 1시간 정도 물에 불린다. ② 조와 쌀을 함께 넣고 약 10배 정도의 물을 붓고 강한 불에서 끓인다. ③ 미음이 끓기 시작하면 약한불에서 쌀이 퍼질 때까지 50분 정도 끓인다. ④ 체에 거른 후 소금으로 간을 맞춘다.
물	1800	
조	60	
소금	약간	

* 유의사항 : 완성된 미음의 양은 약 1,200mL이다.

(8) 사과 소스

재료	중량(g)	만드는 법
사과	200	① 냄비에 물과 설탕 넣고 끓인다. ② 사과를 블렌더나 강판에서 갈은 후 ①에 넣고 졸인다.
설탕	40	
계피	약간	
물	200	

(9) 젤라틴 묵

재료	중량(g)	만드는 법
젤라틴 분말	20(2큰술)	① 젤라틴을 100mL의 온수에 녹인 다음에 설탕을 넣고 완전히 녹을 때까지 잘 젓는다. ② 나머지 분량의 물과 레몬주스를 넣고 다시 잘 저은 후, 냉장고에 보관하여 젤 상태가 되도록 한다.
설탕	50	
레몬주스	150	
물	500	

2. 특별치료식

특별치료식은 식사처방에 따라 특정 영양소의 양을 제한하거나 증가시킴으로써 환자의 질환으로 인한 대사장애를 개선하는 식사이다. 환자의 개인별 상태에 따라 에너지와 영양소의 양과 질을 변화시켜 식사내용을 다양하게 제공한다. 각 질병에 대해 제공하는 치료식은 이후 각 질환별 치료식에서 다루고, 여기에서는 영양소의 조절에 따른 치료식의 분류를 제시한다 표 2-6.

[표 2-6] 특별치료식의 분류와 적용

분 류	종류 및 적용 질환
에너지 조절식	고에너지식 : 외상감염, 화상으로 인한 대사 항진 저에너지식 : 비만, 고혈압, 당뇨병, 고지혈증
당질 조절식	저당질식 : 덤핑 증후군 유당 제한식 : 유당 불내증 갈락토오스 제한식 : 갈락토오스 혈증

분 류	종류 및 적용 질환
단백질 조절식	고단백질식 : 만성 소모성 질환, 만성 간질환, 알코올성 간경변증 저단백질식 : 간성뇌증(간성 혼수), 신부전, 요독증 아미노산 조절식 : 간성 뇌증, 요독증
지방 조절식	저지방식 : 담낭질환, 췌장질환, 비열대성 스프루 저콜레스테롤식 : 고지혈증, 동맥경화
섬유소 조절식	고섬유소식 : 이완성 변비, 다발성 게실증, 과민성 장증후군 저섬유소식 : 경련성 변비, 급성 설사, 장누공, 게실염, 장출혈 저잔사식 : 장수술 직후, 급성 염증성 장질환, 게실염
무기질 조절식	저나트륨식 : 고혈압, 신장병, 심장병, 부종 저칼륨식 : 고칼륨혈증, 신부전 저칼슘식 : 신결석 고칼슘식 : 골다공증 저요오드식 : 갑상선기능항진증
기타 조절식	퓨린 제한식 : 통풍, 요산 결석 글루텐 제한식 : 글루텐과민성 장질환

3. 영양지원

양양지원 nutrition support이란 정상적인 식사를 통해 체내에 필요한 영양소를 충분히 공급받지 못하는 경우에 좀 더 적극적인 방법을 사용하여 영양소를 공급하는 것을 말한다. 영양지원은 경장영양과 정맥영양으로, 경장영양에는 경구보충과 경관급식이 해당된다.

1) 적용 대상

상식이나 연식의 섭취가 가능해도 섭취량이 부족한 경우에는 경구보충 형태로 영양을 공급한다. 위장관 기능은 정상이나 경구섭취가 불가능하거나, 경구섭취량이 필요량에 비해 크게 부족한 경우에 적용된다.

① 화상, 외상, 패혈증, 스트레스 등으로 환자의 영양요구량이 증가하여 경구로는 충분한 영양을 공급할 수 없거나 의식불명, 혼수상태, 마비, 구강이나 인두, 식

도질환으로 음식물 섭취가 가능하지 않은 경우
② 신경계질환으로 스스로 충분한 영양섭취를 할 수 없는 경우
③ 화학치료 또는 방사선 치료를 받는 암환자의 경우
④ 수술 전후 영양보충이 필요한 경우
⑤ 식욕부진 및 쇠약한 환자의 경우

2) 목표

경관급식은 심한 영양부족 상태의 환자에게 영양혼합물을 관을 통해 유동식 형태로 공급하며, 환자의 체단백 손실을 막고 체중과 체조직의 감소를 최소화하도록 계획된 식사이다.

3) 식사원칙 및 유의사항

① 경장영양액의 종류와 공급량 결정은 영양판정을 시행하여 에너지, 단백질 및 기타 영양소 필요량을 산정한 후 결정한다.
② 경장영양액은 종류에 따라 영양소의 급원과 비율, 에너지 밀도와 각종 영양소 함유량이 다양하므로, 환자의 질병과 임상상태에 알맞은 경장영양액을 선택하고 에너지 밀도를 적절히 조정한다.
③ 일정한 용량에 적절한 영양소가 공급되어야 하고, 1kcal/mL를 기준으로 한다.
④ 소화가 쉽게 될 수 있어야 한다.
⑤ 관을 잘 통과하도록 유동식 상태로 점도가 적당하고 균질화되어야 한다.
⑥ 삼투압이 높아지지 않도록 등장성의 농도가 되도록 한다.
⑦ 준비가 쉽고 저렴한 가격이 되도록 한다.
⑧ 공급온도는 실온이거나 차지 않게 중탕(20℃)하여 공급한다.
⑨ 급식 시 주입할 때와 주입 후 30~60분 정도 침대를 30~45° 가량 올려준다.

실습 2

연식과 유동식의 실습

날 짜	학 번	조	이 름	담당 교수	평 가

1. 실습 목표 : 연식과 유동식의 음식을 조리하고, 조리된 음식의 영양과 질감, 맛 등을 평가한다.

2. 실습 내용 : (1) 연식과 유동식으로 이용할 수 있는 음식의 종류를 조사하여 각각 3가지의 음식에 대해 재료 및 만드는 법을 조사한다.

(2) 준비된 연식과 유동식 음식을 조리한다.

(3) 조리된 연식과 유동식 음식의 영양과, 질감, 맛을 평가한다.

3. 실습 결과

1) 연식 음식의 평가

	음식명 ( )	음식명 ( )	음식명 ( )
주재료			
완성된 음식의 총 분량			
조리시간			
조리 시 유의점			
질감			
맛			
에너지(kcal/1인분)			
단백질(g/1인분)			
고찰			

2) 유동식 음식의 평가

	음식명 ( )	음식명 ( )	음식명 ( )
주재료			
완성된 음식의 총 분량			
조리시간			
조리 시 유의점			
질감			
맛			
에너지(kcal/1인분)			
단백질(g/1인분)			
고찰			

실습 3

경관영양액 조제

날 짜	학 번	조	이 름	담당 교수	평 가

1. 실습 목표 : 정상적인 음식 섭취가 어려운, 심한 영양 부족상태의 환자들에게 경관유동식이나 영양보충제 등과 같은 영양지원을 통하여 양질의 영양관리를 할 수 있다.

2. 실습 내용

1) 가정에서 만들 수 있는 경관유동식의 조리법을 익힌다.
2) 상업용으로 시판되고 있는 여러 가지 영양보충제 및 조합식이에 대하여 알아본다.

3. 실습 시 유의사항

1) 계량컵 등을 1회 분량을 정확히 계량한다.
2) 내용물을 주입하기 전후에 30~50mL 정도의 물을 주입하여 관을 씻는다.
3) 사용한 기구는 세제로 깨끗이 씻어 건조시킨 후 보관한다.

4. 준비기구

계량스푼, 믹서, 고운체, 혼합용 막대 혹은 스패튤러, 깔때기, 메스실린더(500mL, 200mL, 100mL 등)

5. 실습 내용(500kcal/500mL)

<table>
<tr><th>식품재료</th><th>1인 분량</th><th></th></tr>
<tr><td>물</td><td>160mL</td><td rowspan="11">■ 유당분해 우유 :
우유 섭취에 문제가 없는 경우는 일반우유도 사용 가능함.
유당분해 우유는 유당 분해효소로 처리한 우유로 락토우유, 소화가 잘되는 우유, 속 편한 우유가 있다.

■ 쇠간 :
동량의 물을 넣고(잠길 정도로 넉넉 히) 삶은 후 믹서로 간 것.</td></tr>
<tr><td>유당분해 우유</td><td>120mL</td></tr>
<tr><td>옥수수기름</td><td>2.5g</td></tr>
<tr><td>설 탕</td><td>7.5g</td></tr>
<tr><td>소 금</td><td>1.5g</td></tr>
<tr><td>콩미숫가루(소야)</td><td>52.5g</td></tr>
<tr><td>이유식분말(아기밀)</td><td>30g</td></tr>
<tr><td>쇠 간</td><td>15g</td></tr>
<tr><td>달 걀</td><td>1/2개</td></tr>
<tr><td>오렌지주스</td><td>50mL</td></tr>
<tr><td>토마토주스</td><td>40mL</td></tr>
<tr><td colspan="3">주스를 제외한 경관유동식의 양 414mL</td></tr>
<tr><td colspan="3">총용량 504mL</td></tr>
<tr><td colspan="3">에너지 : 500kcal, 당질 69g(55%), 단백질 22g(17%), 지질 16g(28%)</td></tr>
</table>

6. 조 리 법

① 사용할 물은 100℃에서 10분 이상 끓인 후 식혀 놓는다.

② 달걀은 삶은 후 껍질은 벗겨 놓는다.

③ 쇠간은 삶은 후 믹서에 곱게 갈아 놓는다.

④ 위의 재료들이 준비되면 모든 내용물(주스류는 제외)을 믹서에 넣고 간 후 고운체에 밭쳐 놓는다.

⑤ 주스류를 내용물과 혼합하면 덩어리가 생기기 쉬우므로 따로 공급한다.

7. 실습 결과

1) 상업용 영양보충제제의 종류들을 용도별로 조사하여 비교해 보시오.

상품명	용 도	규격단위	에너지 (kcal/mL)	당질급원	단백질 급원	지질급원	에너지영양소 섭취비율 (C:P:F)	삼투압 (mOsm/L)	Na (mg)	K (mg)
그린비아TF										
그린비아DM										
아이소칼 (Isocal)										
에너젠 (Energen)										
뉴케어300										
엔슈어 (Ensure)										

C : P : F = 당질 : 단백질 : 지질

2) 각 제품들에 대한 관능평가를 실시하시오.

상품명	형 태	맛	색	비 고
조제영양액				실습결과물

8. 실습 고찰

식사요법실습

3 Chapter

식도 및 위장질환

1. 연하곤란식

1) 적용 대상

연하곤란식은 두부 외상, 뇌졸중, 뇌혈관 손상, 뇌종양 등 뇌질환으로 인해 운동 및 감각 능력이 떨어지거나 근무력증과 같은 근질환이 있는 환자에게 적용된다. 또한 외과적 수술, 후두암, 치아손실, 잘 맞지 않는 의치, 근육약화 등으로 인한 저작 및 연하곤란의 문제와 흡인aspiration의 위험이 있는 환자에게 적용된다.

▶ 연하곤란을 예측할 수 있는 증상

- 입안에 음식을 물고 있을 때
- 음식을 내뱉거나 혀를 내밀 때
- 혀의 조절이 잘 안 될 때
- 혀의 움직임이 지나치게 많을 때
- 기침을 하거나 음식물이 목에 걸렸을 때
- 입안에 분비물이 지나치게 많을 때
- 입 한쪽 구석으로부터 침이나 음식물을 흘릴 때
- 후골Adam's apple이 올라가는 것이 지연되거나 전혀 안 될 때
- 음식을 먹거나 음료수를 마신 후 양치질할 때와 같은 소리가 날 때

- 코나 입으로 음식을 토할 때
- 식사하는 시간이 지나치게 길게 걸릴 때

2) 목표

환자의 삼키는 능력에 알맞게 음식물의 점도와 질감을 조정하고, 적응도에 따라서 점도를 단계별로 진전시킴으로써 흡인의 위험을 방지하고 적절한 영양상태를 유지하기 위하여 계획된 식사이다.

3) 식사원칙 및 유의사항

(1) 환자의 삼키는 능력 정도에 따라 단계별 음식을 선택한다.

(2) 식도를 편하게 하는 다양한 식품과 조리방법을 선택한다(연식, 반고형 음식 : 바나나, 으깬 감자나 액체 음식 등).

(3) 묽은 액체(물, 주스, 우유, 홍차, 커피 등)는 흡인의 위험이 많으므로 상태가 호전될 때까지 삼가고, 되직한 액체를 제공한다. 단, 묽은 액체를 제한하게 되어 자칫 수분이 부족하게 되기 쉬우므로 탈수 상태에 빠지지 않도록 한다.

(4) 환자가 식사를 많이 하지 못할 경우에는 소량씩 자주(1일 5~6회 정도) 공급한다.

(5) 실온 상태의 부드러운 음식을 제공한다.

(6) 기름진 음식, 자극적인 음식, 향신료 등을 제한한다.

(7) 입천장에 달라붙는 음식을 피한다.

(8) 식사 시 환자는 똑바로 앉아 중앙에 오도록 하고 턱은 약간 아래로 향하도록 하며, 식사 전후 30분은 앉아 있도록 한다.

(9) 숟가락을 사용하고, 젓가락 사용은 절대 금한다.

(10) 식사는 천천히 하게 하고, 식사 도중에 환자가 말하지 않도록 한다.

4) 환자식

(1) 1일 영양기준량

구 분	에너지 (kcal)	당 질 (g)	지 질 (g)	단백질 (g)	C:P:F
1단계	650	115	10	30	69:18:13
2단계	1,550	240	40	55	62:15:23
3단계	1,800	265	40	95	59:21:20

(2) 1일 식사 구성의 예

구 분	아 침	점 심	저 녁
1단계	영양죽 200mL[1]	영양죽 200mL[1]	영양죽 200mL[1]
2단계	흰죽 350mL 간장 어육류(갈은 것) 1교환량 채소(갈은 것) 1교환량	흰죽 350mL 간장 어육류(갈은 것) 1교환량 채소(갈은 것) 1교환량 요플레	흰죽 350mL 간장 어육류(갈은 것) 1교환량 채소(갈은 것) 1교환량 으깬 감자, 과일퓨레
3단계	흰죽 된장찌개 고등어조림 애호박나물	장국죽 시금치나물 달걀찜 묵무침 나박김치	닭죽 생선찜 오이나물 콩나물무침 나박김치
	간식 : 달걀샌드위치, 주스	간식 : 으깬 감자, 우유	

[1] 시판 농후제 thickening agent를 이용하여 되게 한다.

(3) 1일 식품구성의 예(3단계 1,800kcal)

구분	곡류군	어육류군		채소군	지방군	우유군		과일군
		저지방	중지방			일반우유	저지방우유	
교환단위수	9.5	5	2	7	3	1		1

(4) 끼니별 배분의 예

식품군	곡류군	어육류군		채소군	지방군	우유군		과일군	에너지 (kcal)
		저지방	중지방			일반우유	저지방우유		
아침	2	1		2.5	0.5				323
간식	2		1		1			1	370
점심	3	1	1	2.5					465
간식	0.5				1	1			220
저녁	2	3		2	0.5				423
계	9.5	5	2	7	3	1		1	1,800

(5) 식단의 예

끼니	음식명	재료명	식품교환수 (1교환량, g)	중량(g)	식품군
아침	흰죽	쌀	1.8(30)	54	곡류군
	된장찌개	감자	0.2(140)	28	곡류군
		표고	0.7(50)	35	채소군
		양파	0.3(70)	21	채소군
		멸치		3	
	병어조림	병어	1(50)	50	어육류군(저)
		무	0.3(70)	20	채소군
	애호박나물	양파	0.2(70)	14	채소군
		애호박	1(70)	70	채소군
		새우젓국물		2	–
		참기름	0.5(5)	2.5	지방군
간식	달걀샌드위치	식빵	2(35)	70	곡류군
		마요네즈	1(5)	5	지방군
		달걀	1(55)	55	어육류군(중)
	주스	오렌지주스	1(100)	100	과일군

끼니	음식명	재료명	식품교환수 (1교환량, g)	중량(g)	식품군
점심	장국죽	쌀	2(30)	60	곡류군
		쇠고기(다진 것)	1(40)	40	어육류군(저)
		표고	0.5(50)	25	채소군
	시금치나물	시금치	1(70)	70	채소군
	달걀찜	달걀	1(55)	55	어육류군(중)
	묵무침	청포묵	1(200)	200	곡류군
		김	0.5(2)	1	채소군
	나박김치	나박김치	0.5(70)	35	채소군
간식	으깬 감자	감자	0.5(140)	70	곡류군
		버터	1(5)	5	지방군
	우유	우유	1(200)	200	우유군
저녁	닭죽	쌀	2(30)	60	곡류군
		닭고기	1.5(40)	60	어육류군(저)
	생선찜	조기	1.5(50)	70	어육류군(저)
	오이나물	오이	0.7(70)	50	채소군
	숙주나물무침	숙주나물	0.8(70)	55	채소군
		참기름	0.5(5)	2.5	지방군
	나박김치	나박김치	0.5(70)	35	채소군

5) 대표음식의 조리법(4인 분량 기준)

(1) 장국죽

재료	중량(g)	만드는 법
쌀	180	① 쌀을 깨끗이 씻어 물에 2시간 이상 충분히 불린 후에 소쿠리에 건져 물기를 뺀다. ② 쇠고기는 곱게 다져 갖은 양념을 하고, 표고버섯도 불려서 곱게 채 썬 후 갖은 양념을 한다. ③ 두꺼운 냄비에 참기름을 두르고 쌀을 볶다가 투명해지면 물을 부어 가끔 저으면서 끓인다. ④ 한번 끓어오르면 불을 약하게 줄여 쌀알이 완전히 퍼질 때까지 서서히 끓이다가 고기를 넣어 익혀서 맛이 잘 어우러지면, 소금으로 간을 맞추어 더울 때에 그릇에 담는다.
물	1,200	
쇠고기	50	
표고버섯	50	
소금	약간	
식용유	5	

(2) 애호박나물

재료	중량(g)	만드는 법
애호박	140	① 애호박은 반달 모양으로 얇게 썬 후, 소금을 살짝 뿌려 10분 정도 절인다.
파	2	
소금	약간	
식용유	5	② 팬에 식용유를 두르고, 호박을 볶다가 부드럽게 익으면, 다진 파와 다진 마늘을 넣고 다시 살짝 볶아준다.
마늘	1	

(3) 으깬 감자

재료	중량(g)	만드는 법
감자	400	① 감자를 깨끗이 씻어서 찐다.
소금	약간	② 소금을 넣고 곱게 으깬다.

2. 궤양식

궤양식 ulcer diet은 과도한 위산 및 펩신의 분비를 막기 위하여 위액분비를 촉진하거나, 위 점막에 자극을 줄 수 있는 식품은 제한한다. 소량의 잦은 급식을 원칙으로 하여 증상에 따라 4단계로 구분한 식사이다.

1) 적용 대상

위 · 십이지장 궤양이 있는 환자와 소화기능이 많이 저하되어 있는 환자에게 적용한다.

2) 목표

치료목표는 증상 완화, 궤양 치료, 재발 방지 및 합병증의 예방이다. 따라서 영양관리는 위산분비를 감소시키고 위장관의 상피조직이 위산에 대한 저항도가 상승될 수 있도록 하며, 환자의 스트레스를 완화시키고 영양상태가 호전될 수 있도록 해야 한다.

3) 식사원칙 및 유의사항

(1) 위의 운동을 억제하며 소화가 잘되는 음식을 선택한다.

(2) 위산의 분비를 촉진하는 식품과 조리법을 피한다.

(3) 우유나 유화지방과 같이 위산을 중화할 수 있는 식품을 선택하되, 자주 주는 것은 바람직하지 않다.

(4) 상처의 회복을 촉진시킬 수 있는 양질의 단백질과 비타민 C를 충분히 공급한다.

(5) 섬유소가 많은 식품은 궤양 상처를 자극하므로 제한한다. 하지만 지나치게 제한하면 변비를 일으킬 수 있으므로, 충분히 가열하여 부드럽게 한 후 섭취하게 한다.

(6) 알코올, 담배 및 약물은 위점막을 손상시키므로 알코올 섭취를 최소화한다.

(7) 커피와 카페인 함유 식품은 위산분비를 촉진시키므로 제한한다.

(8) 잦은 간식은 위산분비를 촉진시키므로 권하지 않는다. 단, 급성기에는 소량씩 자주 섭취하게 한다.

4) 허용식품과 제한식품

식 품 군	허 용 식 품	금 지 식 품
곡 류	미음, 죽, 진밥, 국수, 크림수프, 오트밀, 식빵, 카스텔라, 살짝 구운 토스트	된밥, 잡곡밥, 수제비, 냉면, 떡라면, 파이, 도넛, 보리빵, 찐빵
어육류 및 난류	삶아 다진 쇠고기 및 닭고기, 흰살생선, 굴, 두부, 쇠간, 수란, 커스터드, 스크램블드에그, 달걀찜, 반숙란	고기국물, 멸치국물, 기름기 많고 질긴 고기, 절인 생선, 햄, 소시지, 베이컨, 낙지, 젓갈류, 달걀부침, 달걀지단, 달걀프라이, 오징어
채소류	삶은 감자, 삶은 연한 채소, 시금치, 근대, 가지, 호박, 오이	김치, 생채소, 섬유질이 많은 채소, 도라지, 셀러리, 더덕, 고사리, 우엉, 장아찌
우유 및 유제품	흰 우유, 아이스크림, 치즈	초콜릿우유
과일류	시거나 떫지 않은 과즙, 삶아 거른 사과즙, 잘 익은 바나나	생과일, 말린 과일(곶감, 대추, 건포도), 종실류(땅콩, 호두, 생밤)
조미류 및 기타	간장, 소금, 버터, 마가린, 참기름, 설탕, 된장, 시지 않은 마요네즈, 콩기름, 들기름	고춧가루, 고추장, 후추, 겨자, 계피, 카레, 케첩, 생강, 파, 마늘,잼, 사탕, 커피, 홍차, 코코아, 초코릿, 껌, 샐러드, 콜라, 수정과, 엿, 알코올 음료, 튀긴 음식 전부

5) 환자식

【사례】
50세 남성, 위궤양 환자임
신장 167cm, 체중 60kg
교사이며 중등 활동을 함

(1) 1단계 : 표준체중 구하기

표준체중 구하기 : 1.67m × 1.67m × 22 ≒ 61kg

(2) 2단계 : 비만도 판정하기

표준체중비 구하기 : 61kg ÷ 60kg × 100 = 102%(정상체중 범위임)

(3) 3단계 : 영양기준량 구하기

에너지 : 61kg × 35kcal/kg = 2,135kcal ≒ 2,100kcal

당　질 : 2,100kcal × 0.59 = 1,239kcal,　1,239kcal ÷ 4kcal/g = 310g

단백질 : 2,100kcal × 0.18 = 378kcal,　378kcal ÷ 4kcal/g = 95g

지　질 : 2,100kcal × 0.23 = 483kcal,　483kcal ÷ 9kcal/g = 54g

(4) 1일 영양기준량

에너지(kcal)	당질(g)	단백질(g)	지질(g)	C:P:F
2,100	310	95	54	59:18:23

(5) 1일 식품구성의 예

구분	곡류군	어육류군		채소군	지방군	우유군		과일군
		저지방	중지방			일반우유	저지방우유	
교환단위수	11	4	2	3	4	2		2

(6) 끼니별 배분의 예

끼니	곡류군	어육류군		채소군	지방군	우유군		과일군
		저지방	중지방			일반우유	저지방우유	
아침	3.5	1	1	1	1.5			1
간식	0.7					1		
점심	3	2		1	1.5			1
간식	0.5					1		
저녁	3.3	1	1	1	1			
간식								
계	11	4	2	3	4	2		2

(7) 식단의 예

끼니	음식명	재료명	식품교환수 (1교환량, g)	중량(g)	식품군
아침	흰밥	쌀	3(30)	90	곡류군
	무맑은장국	무	0.3(70)	21	채소군
		쇠고기	0.2(40)	8	어육류군(저)
		실파		약간	-
	닭조림	닭고기	0.8(40)	32	어육류군(저)
		감자	0.5(140)	70	곡류군
		당근	0.2(70)	20	채소군
		버터	1(5)	5	지방군
	두부조림	두부	1(80)	80	어육류군(중)
	쑥갓나물	쑥갓	0.7(70)	49	채소군
		참기름	0.5(5)	2.5	지방군
	나박김치	나박김치	1(70)	약간	채소군
	사과조림	사과	1(80)	80	과일군
10시 간식	타락죽	우유	1(200)	200	우유군
		쌀	0.7(30)	21	곡류군

끼니	음식명	재료명	식품교환수 (1교환량, g)	중량(g)	식품군
점심	밥	쌀	3(30)	90	곡류군
	배추된장국	배추	0.2(70)	14	채소군
		된장		15	
	병어조림	병어	1(50)	50	어육류군(저)
	버섯고기볶음	느타리버섯	0.3(50)	15	채소군
		쇠고기	1(40)	40	어육류군(저)
		양파	0.2(70)	14	채소군
		식용유	1(5)	5	지방군
	상추무침	상추	0.3(70)	21	채소군
	황도	황도	1(150)	150	과일군
3시 간식	토스트	식빵	0.5(35)	18	곡류군
	우유	우유		200	우유군
저녁	밥	쌀	3(30)	90	곡류군
	굴국	굴	1(70)	70	어육류군(저)
		무	0.3(70)	21	채소군
	달걀찜	달걀	1(55)	55	어육류군(중)
	애호박나물	애호박	0.7(70)	49	채소군
		식용유	1(5)	5	지방군
	나박김치	배추		약간	–
		무		약간	–

6) 대표음식의 조리법(4인 분량 기준)

(1) 두부조림

재료	중량(g)	만드는 법
두부	320	① 두부를 물기를 닦은 후 0.8cm 두께로 썬다. ② 썬 두부를 식용유에 노릇하게 굽는다. ③ 조림양념 분량의 1/4 정도의 물을 조림양념과 섞어 구워진 두부에 넣고 조린다.
양파	40	
깨소금	10	
간장	10	
고춧가루	약간	
파	4	
마늘	1.5	
식용유	15	
설탕	6	

(2) 배추된장국

재료	중량(g)	만드는 법
얼갈이배추	140	① 조갯살은 연한 소금물에 담가 해감을 빼낸 후, 손으로 비벼 깨끗이 씻는다. ② 배추는 손질 후 데쳐서 물기를 빼고 썰어 놓는다. ③ 냄비에 조갯살과 물을 붓고 끓이다가, 국물이 끓어오르면 된장을 푼다.
조갯살	140	
된장	40	
마늘	4	
파	8	
물	1,000mL	
소금	약간	

(3) 굴전

재료	중량(g)	만드는 법
굴	140	① 굴을 깨끗이 손질한다. ② 굴에 밀가루와 달걀을 차례로 입힌다. ③ 팬에 식용유를 넉넉히 두르고 노릇하게 지져낸다.
달걀	165	
식용유	20	
밀가루	60	
소금	약간	

7) 단계별 식사요법

1) 궤양 1단계 : 급성 혹은 수술 후 2~3일 동안 실시하는 기초식이
2) 궤양 2단계 : 달걀, 크림수프, 으깬 감자, 오트밀, 토스트 등 연식을 소량씩 첨가하는 식이
3) 궤양 3단계 : 섬유소가 적은 채소를 익힌 것과 어육류, 과일 등 일부 허용되는 회복기의 환자식이
4) 궤양 4단계 : 강한 양념 첨가 식품이나 위액분비 촉진 식품을 제외한 모든 식품이 허용된다.

식이분류	에너지(kcal)	단백질(g)	지질(g)	당질(g)
1 단계	1,100	45	47	125
2 단계	1,600	70	65	185
3 단계	2,000	85	60	280
4 단계	2,400	95	55	380

8) 궤양환자의 단계별 식단의 예

시간	궤양 1단계		궤양 2단계		궤양 3단계			궤양 4단계		
	음식명	중량(g)	음식명	중량(g)	음식명	재료명	중량(g)	음식명	재료명	중량(g)
					흰 죽	쌀	60	진밥	쌀	90
			조미음	200	두부국	두부	80	뭇국	무	40
			요플레	110		된장	12		쇠고기	30
오전 7:00	우유	100	육 즙	200	달걀찜	달걀	55	깻잎볶음	깻잎	70
	미음	50	뉴케어	200	호박나물	호박	70		식용유	5
			물김치	70		식용유	5	꽁치조림	꽁치	60
					우 유	우유	200		무	30
8:00	우유	100								
	미음	50								
9:00	우유	100								
	미음	50								
10:00	우유	100	영양죽	150	영양죽	쌀	60	토스트	빵	35
	미음	50				우유	130		버터	3
								우유	우유	200
11:00	우유	100								
	미음	50								
12:00	우유	100								
	미음	50								
					흰 죽	쌀	60	진밥	쌀	90
			치즈미음	200	감자국	감자	70	근대국	근대	70
오후 1:00	우유	100	크림수프	200		쇠고기	20		된장	12
	미음	50	커스터드	160	시금치나물	시금치	70	달걀찜	달걀	55
			사과주스	240		참기름	2	장조림	쇠고기	40
					불고기	쇠고기	40	오이나물	오이	70
						양파	10		식용유	2
2:00	우유	100								
	미음	50								
3:00	우유	100								
	미음	50								

시간	궤양 1단계		궤양 2단계		궤양 3단계			궤양 4단계		
	음식명	중량(g)	음식명	중량(g)	음식명	재료명	중량(g)	음식명	재료명	중량(g)
4:00	우유 미음	100 50	크림수프	200	우유 으깬 감자	우유 감자 버터	200 70 5	크림수프 귤		200 120
5:00	우유 미음	100 50								
6:00	우유 미음	100 50								
7:00	우유 미음	100 50	잣미음 오렌지주스 우유 꿀차 그린비아	200 180 200 100 200	흰죽 미역국 생선조림 오이볶음	쌀 미역 쇠고기 갈치 무 오이 식용유	80 70 20 50 20 70 5	진밥 콩나물국 두부조림 고기볶음	쌀 콩나물 두부 쇠고기 버섯 양파 식용유	90 56 80 40 20 10 5
8:00	우유 미음	100 50								
9:00	우유 미음	100 50								
10:00	우유 미음	100 50	우유 커스터드	100 100	우유 커스터드		200 100	전복죽 김치	쌀 전복 김치	30 50 50

실습 4

위궤양에 관한 문제 연구 및 식단 작성

날 짜	학 번	조	이 름	담당 교수	평 가

문제 연구

김 씨는 40세 남성으로 사업에 종사하고 있다. 3주 전에 토혈을 하여 병원에 입원했다. 몇달 전 위 부분에 통증이 심하게 나타났다. 그 이후 통증은 점점 심해졌으며 특히 공복 시에는 위가 쓰리고 체중이 10kg 정도 감소하여 63kg이 되었다. 통증이 점점 자주 나타났으며 심해지고 출혈도 나타나 병원에 입원하여 위수술을 받았으며 제산제인 calcium carbonate를 복용하였다. 병원 치료를 받았으나 몸은 계속 허약하고 구토, 어지러움 등이 나타났다.

처음에 실시한 생화학적 평가 결과는 알부민 2.8g/dL, 트랜스페린 포화도 18%, 헤모글로빈 10g/dL, 헤마토크릿치 35%였고, 신장 179cm에 체중 68kg이다. 처음에는 맑은 유동식이 공급되었고 병이 호전됨에 따라 연식을 섭취하게 되었으며 의사선생님으로부터 커피, 담배 및 술을 삼가라는 말을 들었다.

1. 생화학적 평가 결과를 정상치와 비교해 보고 영양적 문제점을 찾아 개선방안을 설정하시오.

2. Calcium carbonate는 김 씨의 질병에 어떠한 역할을 할 수 있는가?

3. 김 씨는 왜 커피, 담배 및 알코올을 삼가야 하며 이로 인해 건강은 어떠한 변화가 나타나는가?

4. 식단 작성

1) 표준체중(IBW) 산출

2) 1일 에너지 필요량 산출

3) 당질, 단백질 및 지질 양 산출(당질 65%)

4) 1일 영양기준량

에너지(kcal)	당질(g)	단백질(g)	지질(g)	C : P : F

5) 1일 식품구성표

목표 : 에너지 (　　　　)kcal, 당질 (　　　　)g, 단백질 (　　　　)g, 지질 (　　　　)g

<table>
<tr><th colspan="2">식품군</th><th>교환수</th><th>당질(g)</th><th>단백질(g)</th><th>지질(g)</th><th>에너지(kcal)</th></tr>
<tr><td colspan="2">곡 류 군</td><td></td><td></td><td></td><td></td><td></td></tr>
<tr><td rowspan="3">어육
류군</td><td>저지방</td><td></td><td></td><td></td><td></td><td></td></tr>
<tr><td>중지방</td><td></td><td></td><td></td><td></td><td></td></tr>
<tr><td>고지방</td><td></td><td></td><td></td><td></td><td></td></tr>
<tr><td colspan="2">채 소 군</td><td></td><td></td><td></td><td></td><td></td></tr>
<tr><td colspan="2">지 방 군</td><td></td><td></td><td></td><td></td><td></td></tr>
<tr><td rowspan="2">어육
류군</td><td>일반우유</td><td></td><td></td><td></td><td></td><td></td></tr>
<tr><td>저지방우유</td><td></td><td></td><td></td><td></td><td></td></tr>
<tr><td colspan="2">과 일 군</td><td></td><td></td><td></td><td></td><td></td></tr>
<tr><td colspan="7">계</td></tr>
</table>

6) 끼니별 분배

끼니	곡류군	어육류군			채소군	지방군	우유군		과일군
		저지방	중지방	고지방			일반우유	저지방우유	
아침									
간식									
점심									
간식									
저녁									
간식									
계									

7) 1일 식단

끼니	음식명	재료명	식품교환수 (1교환량, g)	중량(g)	식품군
아침					
간식					
점심					
간식					
저녁					
간식					

5. 조별 실습(1끼니)

1) 1끼 영양기준량

에너지(kcal)	당질(g)	단백질(g)	지질(g)	C : P : F

2) 1끼 영양기준량

<table>
<tr><th rowspan="2">식품군</th><th rowspan="2">곡류군</th><th colspan="3">어육류군</th><th rowspan="2">채소군</th><th rowspan="2">지방군</th><th colspan="2">우유군</th><th rowspan="2">과일군</th></tr>
<tr><th>저지방</th><th>중지방</th><th>고지방</th><th>일반우유</th><th>저지방우유</th></tr>
<tr><td></td><td></td><td></td><td></td><td></td><td></td><td></td><td></td><td></td><td></td></tr>
</table>

3) 식단

끼니	음식명	재료명	식품교환수 (1교환량, g)	중량(g)	식품군

4 Chapter

식사요법실습

장질환

1. 저잔사식

잔사 residue는 소화 · 흡수 후에 섬유소, 약간의 지방 등이 소화가 안 된 상태로 대장에 남아 있는 것을 말한다.

1) 적용 대상

수술 전 · 후, 국소성 장질환(Crohn's Disease : 크론병), 궤양성 대장염과 같은 급성 염증성 장질환, 게실염 및 부분적 장폐색 환자들의 급성 악화 기간에 적용되는 식사이다.

2) 목표

섬유질과 잔사를 제한함으로써 대변의 양과 횟수를 줄이고, 향신료의 사용을 줄여서 장에 대한 자극을 최소화하기 위한 식사이다.

3) 식사원칙 및 유의사항

(1) 식이섬유소를 8~10g 이하로 제한한다.

(2) 정제된 곡류를 사용한다.

(3) 우유 및 유제품은 하루 1/2컵 이하로 제한한다.

(4) 질긴 육류(고기의 결체조직 부위는 섬유질 함량은 낮으나 변의 용적을 증가시키므로 제한)와 조개류는 피한다.

(5) 생채소는 제한하고, 생과일 대신 과일통조림이나 과일주스를 사용한다(서양자두 주스는 제외).

(6) 견과류(땅콩, 호두, 잣), 해조류, 깨는 피한다.

(7) 강한 향신료나 조미료는 피한다.

(8) 저잔사식을 장기간 시행할 경우 변비나 게실염이 발생할 수 있으며, 비타민 C나 엽산 등이 부족하게 되기 쉬우므로 종합 비타민 및 영양보충이 필요하다.

(9) 회복기에는 개인의 상태에 따라 식품 선택의 폭을 넓힌다.

(10) 소량씩 자주 섭취하고 충분히 씹어야 하며 천천히 식사해야 한다.

4) 허용식품과 제한식품

허 용 식 품	금 지 식 품
대부분의 정제된 빵, 시리얼, 쌀, 파스타, 정제된 곡류로 만들어진 식품, 과일주스(서양자두 제외), 채소주스, 하루 2컵의 우유 또는 유제품(푸딩, 아이스크림, 치즈) 부드러운 살코기, 생선, 달걀	전곡류로 만든 빵이나 시리얼, 쌀, 파스타, 팝콘, 콩류(legume), 모든 과일(통조림류 포함), 감자를 포함한 모든 채소류, 하루 2컵 이상의 우유나 유제품, 육류의 질기거나 거친 부위(결합조직), 들깨, 참깨

5) 환자식

【사례】
40세 남성, 염증성 장질환 환자임
신장 172cm, 체중 70kg
회사원이며 중등 활동을 함

(1) 1단계 : 표준체중 구하기

표준체중 구하기 : 1.72m × 1.72m × 22 ≒ 65kg

(2) 2단계 : 비만도 판정하기

표준체중비 구하기 : 70kg ÷ 65kg × 100 = 108%(정상체중 범위임)

(3) 3단계 : 영양기준량 구하기

에너지 : 65kg × 30kcal/kg = 2,015kcal ≒ 2,000kcal

당 질 : 2,000kcal × 0.67 = 1,340kcal, 1,340kcal ÷ 4kcal/g = 335g

단백질 : 2,000kcal × 0.17 = 340kcal, 340kcal ÷ 4kcal/g = 85g

지 질 : 2,000kcal × 0.16 = 320kcal, 320kcal ÷ 9kcal/g = 35g

(4) 1일 영양기준량

에너지(kcal)	당질(g)	단백질(g)	지질(g)	식이섬유(g)	C : P : F
2,000	335	85	35	2~3	67:17:16

(5) 1일 식품 구성의 예

구분	곡류군	어육류군		채소군	지방군	우유군		과일군
		저지방	중지방			일반우유	저지방우유	
교환단위수	12	5	2	2	3			4

(6) 끼니별 배분

끼니	곡류군	어육류군			채소군	지방군	우유군		과일군
		저지방	중지방	고지방			일반우유	저지방우유	
아침	4	1	1		0.5	1			
간식									1
점심	4	2			1	1			
간식									1.5
저녁	4	2	1		0.5	1			
간식									1.5
계	12	5	2		2	3			4

(7) 식단의 예

끼니	음식명	재료명	식품교환수 (1교환량, g)	중량(g)	식품군
아침	토스트	식빵	3(35)	105	곡류군
	크림수프	밀가루	1(30)	30	곡류군
		버터	0.5(5)	3	지방군
	수란	달걀	1(55)	55	어육류군(중)
	닭가슴살샐러드	양상치	0.5(70)	35	채소군군
		닭가슴살	1(40)	40	어육류군(저)
		프렌치드레싱	0.5(5)	3	지방군
	동치미국물				
간식	토마토주스	토마토주스	1(100)	100	과일군
점심	밥	쌀	4(30)	120	곡류군
	북엇국	북어	0.5(15)	40	어육류군(저)
		쇠고기	0.5(40)	20	어육류군(저)
	생선조림	도미	1(50)	50	어육류군(저)
		참기름	0.5(5)	2.5	지방군
	애호박나물	애호박	1(70)	70	채소군
		식용유	0.5(5)	3	지방군
	동치미국물				
간식	오렌지주스	오렌지주스	1.5(100)	150	과일군
저녁	밥	쌀	3(30)	90	곡류군
	시금치된장국	시금치	0.5(70)	35	채소군
		두부	0.5(80)	40	어육류군(중)
		된장			
	불고기	불고기(다진 것)	1.5(40)	60	어육류군(저)
	청포묵 무침	청포묵	1(200)	70	곡류군
		쇠고기	0.5(40)	20	어육류군(저)
		달걀	0.5(55)	28	어육류군(중)
		참기름	1(5)	5	지방군
	동치미국물				
간식	사과조림	사과	1.5(80)	120	과일군

6) 대표음식의 조리법(4인 분량 기준)

(1) 크림수프

재료	중량(g)	만드는 법
밀가루	230	① 약한 불에 밀가루를 버터로 볶아준다. ② 1~2분 노릇하게 볶은 후 우유를 넣어서 밀가루를 잘 풀어준다.
크림우유	소량	
버터	10	

(2) 북엇국

재료	중량(g)	만드는 법
북어	60	① 북어포는 물에 살짝 담갔다가 건져 가볍게 물기를 짜낸다. ② 달군 냄비에 참기름을 두르고 마늘과 북어포, 쇠고기를 넣어 충분히 볶는다. ③ ②에 물을 붓고 한소끔 국물이 뽀얗게 우러날 때까지 중간불로 끓인다. ④ 국물이 충분히 우러나면 간장과 소금으로 간을 맞춘다. ⑤ 체에 걸러 알끈을 제거한 달걀물에 파를 섞어서 천천히 부어 한소끔 끓여낸다.
쇠고기	10	
달걀	110	
국간장	2	
참기름	5	
파	10	
마늘	4	
소금	약간	

(3) 청포묵무침

재료	중량(g)	만드는 법
청포묵	300	① 청포묵은 가늘게 채 썰어 끓는 물에 살짝 데쳐 물기를 뺀다. ② 달걀은 지단을 부쳐 곱게 채 썬다. ③ 청포묵은 참기름, 소금을 넣고 가볍게 무친다. ④ 청포묵을 접시에 담고 달걀지단을 올린다.
쇠고기	80	
달걀	110	
참기름	20	
소금	약간	

7) 식이섬유의 종류와 식품 중 섬유소 함량(%)

	수용성 섬유		불용성 섬유	
종류	펙틴	과일류 잼 마멀레이드	셀룰로오스	곡류 채소류, 과일류 두류, 감자류
	글루코만난	곤약 토란 참마	헤미셀룰로오스	녹두 곡류
	알긴산	다시마 미역	리그닌	채소류 두류

	식품	분량	총 식이섬유(g)	가용성섬유(g)	불용성섬유(g)
식품중 함량	사과(껍질 포함)	1개(소)	2.8	1.0	1.8
	살구(껍질 포함)	4개	3.5	1.8	1.7
	바나나	1/2개(소)	1.1	0.3	0.8
	포도(껍질 포함)	15개(소)	0.4	0.2	0.2
	키위	1개(대)	1.7	0.7	1.0
	멜론	1컵	1.1	0.3	0.8
	수박	1컵	0.6	0.4	0.2
	오렌지	1개(소)	2.9	1.8	1.1
	복숭아(껍질 포함)	1개(중)	2.0	1.0	1.0
	파인애플(통조림)	1/3컵	1.4	0.2	1.2
	자두	2개(중)	2.4	1.1	1.3
	건포도	2큰술	0.4	0.2	0.2
	딸기	1.25컵	2.8	1.1	1.7
	콩나물	1컵	1.6	0.6	1.0
	양배추	1컵	1.5	0.6	0.9
	당근	1개(중)	2.3	1.1	1.2
	셀러리	1컵	1.7	0.7	1.0
	옥수수(통조림)	1/2컵	1.6	0.2	1.4
	오이	1컵	0.5	0.2	0.5
	케일	1/2컵	2.5	0.7	1.8
	상추	1컵	0.5	0.1	0.4
	양파	1/2컵	1.7	0.9	0.8
	완두(통조림)	1/2컵	3.2	0.4	3.0
	시금치(데친 것)	1/2컵	1.6	0.5	1.1
	애호박(데친 것)	1/2컵	0.7	0.3	0.4
	토마토	1개(중)	1.3	0.1	0.9
	무(데친 것)	1/2컵	4.8	1.7	3.1

실습 5

섬유소 조절식 실습

날 짜	학 번	조	이 름	담당 교수	평 가

1. 실습 목표 : 식품의 식이섬유소 함량을 알고 이를 저잔사식에 활용하도록 한다.

2. 실습 내용 : 각 식품군의 대표식품들의 식이섬유소 함량을 알아본다.

3. 실습 결과 :

식품군	식품명	1교환단위중량(g)	식이섬유소함량(g)/교환단위
곡류군	백미 현미 보리 옥수수 식빵 국수 감자 고구마	30 30 30 50 35 30 140 70	
어육류군	검정콩 완두콩 두부	20 20 80	
채소군	콩나물 시금치 당근 양배추 도라지 미역(마른것) 김 배추김치 깍두기	70 70 70 70 40 6 2 50 50	
지방군	참깨 땅콩 호두	8 8 8	
과일군	사과 배 귤 토마토 수박 딸기 포도	80 110 120 350 150 150 80	
섬유소 함유음료	상품명 1 상품명 2	용량 1 용량 2	

섬유소함량/용량, 섬유소함량/100mL

식사요법실습

5 Chapter

간, 담낭 및 췌장질환

1. 간질환식 – 단백질 조절식

1) 적용 대상

간염, 지방간, 간경변증, 간성뇌증 및 혼수 등 간질환 환자에게 적용한다.

2) 목표

(1) 환자의 영양상태를 개선하고 체중감소를 방지한다.
(2) 간기능 저하로 인한 혈중 암모니아 축적을 감소시킨다.
(3) 손상된 간세포 재생과 간의 기능을 정상화시킨다.
(4) 간성혼수 시는 혈중 암모니아 생성 감소, 저혈당 예방 및 체조직의 이화를 방지한다.

3) 식사원칙 및 유의사항

(1) 에너지는 충분히 공급한다.
(2) 간질환의 종류 및 정도에 따라 단백질량을 조절한다.
(3) 처방된 단백질의 1/2 이상을 동물성 단백질과 대두로 공급한다.
(4) 단백질을 절약하기 위해 당질은 1일 300～400g 정도 충분히 공급한다.

(5) 적당량의 지질을 공급한다.

(6) 술은 금한다.

(7) 부종과 복수가 발생한 경우에는 염분과 수분을 제한한다.

(8) 간염 환자의 경우에는 환자가 섭취하고 남긴 음식은 폐기하고, 식기나 기구를 철저히 소독한다.

(9) 식도정맥류 발생 시에는 저섬유소식이를 공급한다.

표 5-1 에는 간 질환에 따른 영양요구량이 나타나 있다.

[표 5-1] 간 질환에 따른 영양요구량

	간염	간경변증	간성혼수
영양목표	• 간세포의 재생 촉진 • 체중 감소 방지	• 간세포의 재생 촉진 • 영양결핍 교정	• 암모니아 생성 감소 • 체조직 이화 방지 • 저혈당 예방
에너지	35~45kcal/kg	30~35kcal/kg	30kcal/kg
단백질	1.5~2.0g/kg 100~150g/day	1.0~1.5g/kg 60~70g/day	0.5~0.7g/kg 30~50g/day
탄수화물	400~450g/day	300~350g/day	300g/day
지질	60g 정도(적당량)	50g 정도(적당량)	40~50g 정도(적당량)
비타민 무기질	비타민 B군과 비타민 C, 칼륨, 아연 보충	비타민 B군과 비타민 C, 칼륨, 엽산, 마그네슘 보충	비타민 B군과 비타민 C, 칼륨 보충
나트륨 수분	소금 8~10g	1. 복수 발생 시 수분과 염분 제한 2. 이뇨제 사용 시는 칼륨을 점검함	1. 복수 발생 시 수분과 염분 제한 2. 이뇨제 사용 시는 칼륨을 점검함
기타	식욕부진 시 소량씩 자주 공급하거나 관급식 고려	식도정맥류 발생 시 딱딱하거나 거친 음식은 피함	영양지원 시에는 측쇄아미노산이 많은 용액을 선택함

4) 환자식

> 【사례】
> 48세 남성, 간염 환자임
> 신장 177cm, 체중 69kg
> 자영업을 하며 중등 활동을 함

(1) 1단계 : 표준체중 구하기

표준체중 구하기 : 1.77m × 1.77m × 22 = 68.9kg ≒ 69kg

(2) 2단계 : 비만도 판정하기

표준체중비 구하기 : 69kg ÷ 69kg × 100 = 100%(정상체중 범위임)

(3) 3단계 : 영양기준량 구하기

에너지 : 69kg × 36kcal/kg = 2,484kcal ≒ 2,500kcal

당 질 : 2,500kcal × 0.6 = 1,500kcal, 1,500kcal ÷ 4kcal/g = 375g

단백질 : 69kg × 1.8g/kg = 124g, 124g × 4kcal/g = 497kcal

지 질 : 2,500kcal − (1,500 + 497)kcal = 503kcal, 503kcal ÷ 9kcal/g = 55.9g ≒ 56g

(4) 1일 영양기준량

에너지(kcal)	당질(g)	단백질(g)	지질(g)	C:P:F
2,500	375	124	56	60:20:20

(5) 1일 식품 구성의 예

구분	곡류군	어육류군		채소군	지방군	우유군		과일군
		저지방	중지방			일반우유	저지방우유	
교환단위수	13	6	3	7	5.5		2	2

(6) 끼니별 배분의 예

끼니	곡류군	어육류군		채소군	지방군	우유군		과일군
		저지방	중지방			일반우유	저지방우유	
아침	4	2	1	2	2			
간식							1	1
점심	4.5	2	1	2	1			
간식							1	1
저녁	4.5	2	1	3	2.5			
계	13	6	3	7	5.5		2	2

(7) 식단의 예

끼니	음식명	재료명	식품교환수 (1교환량, g)	중량(g)	식품군
아침	흰밥	쌀	4(30)	120	곡류군
	시금치국	시금치	0.7(70)	49	채소군
	불고기	쇠고기	2(40)	80	어육류군(저)
		양파	0.3(70)	21	채소군
		참기름	1(5)	5	지방군
	상추겉절이	상추	0.7(70)	49	채소군
		참기름	0.5(5)	2.5	지방군
	배추김치	배추김치	0.3(50)	15	채소군
	두부지짐	두부	1(80)	80	어육류군(중)
		식용유	1(5)	5	지방군
간식	저지방우유	저지방우유	1(200)	200	우유군
	귤	귤	1(120)	120	과일군

끼니	음식명	재료명	식품교환수 (1교환량, g)	중량(g)	식품군
점심	보리밥	쌀	3.5(30)	105	곡류군
		보리	0.5(30)	15	곡류군
	동태찌개	동태	1(50)	50	어육류군(저)
		무	0.5(70)	35	채소군
	닭감자찜	닭	1(40)	40	어육류군(저)
		감자	0.5(140)	70	곡류군
		참기름	0.5(5)	2.5	지방군
	콩나물 무침	콩나물	1(70)	70	채소군
		참기름	0.5(5)	2.5	지방군
	배추김치	배추김치	0.5(50)	25	채소군
	메추리알조림	메추리알	1(40)	40	어육류군(중)
간식	저지방우유	저지방우유	1(200)	200	우유군
	딸기	딸기	1(150)	150	과일군
저녁	팥밥	쌀	4(30)	120	곡류군
		팥	0.5(30)	15	곡류군
	쇠고기뭇국	쇠고기	1(40)	40	어육류군(저)
		무	0.5(70)	35	채소군
	달걀말이	달걀	1(55)	55	어육류군(중)
		식용유	0.5(5)	2.5	지방군
	도라지오이무침	도라지	0.5(40)	20	채소군
		오이	0.5(70)	35	채소군
	양상추샐러드	양상추	0.5(70)	35	채소군
		당근	0.3(70)	21	채소군
		적채	0.2(70)	14	채소군
		마요네즈	2(5)	10	지방군
	깍두기	깍두기	0.5(50)	25	채소군
	생굴초장	생굴	1(70)	70	어륙류군(저)

5) 대표음식의 조리법(4인 분량 기준)

(1) 시금치국

재료	중량(g)	만드는 법
시금치	210	① 시금치를 깨끗이 다듬어서 끓는 물에 살짝 데쳐 찬물에 헹구어 물기를 꼭 짠다. ② 냄비에 쌀뜨물이나 물을 붓고 국멸치와 다시마를 넣어 국물을 우려낸 다음, 다시마와 국멸치를 건져낸다. ③ 우려낸 국물에 된장을 풀고 끓으면 시금치, 어슷하게 썬 파, 다진 마늘 등을 넣어 끓인 후 고춧가루를 넣고 소금으로 간한다.
다시마	4	
국멸치	8	
된장	45	
대파	8	
마늘	4	
쌀뜨물(물)	800	
고춧가루	약간	

(2) 닭감자찜

재료	중량(g)	만드는 법
닭고기	200(400)*	① 닭을 깨끗이 손질하여 껍질을 제거하여 먹기 좋은 크기로 토막을 낸 다음 소금과 후추를 뿌려 30분 정도 재어둔다. ② 감자는 3×3×3cm 크기로 큼직하게 썰어 놓는다. ③ 간장에 다진 마늘, 다진 파, 참기름, 생강 등을 넣어 양념장을 만든다. ④ 재어둔 닭은 양념장에 버무린 후 한소끔 끓여낸 후 썰어둔 감자를 넣고 다시 끓인다.
감자	140	
후춧가루	2	
진간장	20	
마늘	4(8)	
대파	8(16)	
생강	2(4)	
참기름	10	

* 뼈를 포함한 닭고기 재료를 준비할 경우의 재료 중량

(3) 달걀말이

재료	중량(g)	만드는 법
달걀	220	① 달걀은 소금을 조금 넣고 노른자와 흰자가 잘 섞이도록 잘 풀어둔다. ② 팬에 식용유를 두르고 달걀물을 붓고 넓게 펴서 익힌다. 반숙이 되면 돌돌 말아 알맞게 썬다.
식용유	10	
소금	약간	

2. 췌장 · 담낭질환식 – 저지방식

1) 적용 대상

담낭, 담도, 췌장 등의 질환 환자에게 적용한다.

2) 목표

(1) 설사, 지방변, 영양소 손실 등의 증상을 개선한다.
(2) 지방변과 설사로 손실된 영양소를 보충시킨다.

3) 식사원칙 및 유의사항

(1) 고지방 어육류는 식사에서 제외하고 중등지방, 저지방 어육류를 200g 이하로 섭취하도록 한다.
(2) 우유는 저지방 우유를 마시되 하루 2잔 이하로 제한한다.
(3) 튀김, 볶음, 전 등을 피하고 찜, 조림, 굽기 등의 조리법을 이용한다.
(4) 필수지방산 섭취를 위해 적어도 10~15g은 식물성 기름을 사용한다.
(5) 소화가 잘되는 식품을 이용한다.
(6) 총지방량은 총열량의 20% 미만으로 구성한다.

4) 환자식

【사례】
50세 여성, 급성췌장염 회복기 환자임
신장 169cm, 체중 55kg
교사이며 중등 활동을 함

(1) 1단계 : 표준체중 구하기

표준체중 구하기 : 1.69 m × 1.69 m × 21 = 60.0 kg

(2) 2단계 : 비만도 판정하기

표준체중비 구하기 : 55 kg ÷ 60 kg × 100 = 91.7%(정상체중 범위임)

(3) 3단계 : 영양기준량 구하기

에너지 : 60 kg × 30 kcal/kg = 1,800 kcal

당　질 : 1,800 kcal × 0.68 = 1,224 kcal,　1,224 kcal ÷ 4 kcal/g = 306 g

단백질 : 1,800 kcal × 0.15 = 270 kcal,　270 kcal ÷ 4 kcal/g = 67.5 g

지　질 : 1,800 kcal − (1,224 + 270) kcal = 306 kcal,　306 kcal ÷ 9 kcal/g = 34.0 g

(4) 1일 영양기준량

에너지(kcal)	당질(g)	단백질(g)	지질(g)	C:P:F
1,800	306	68	34	68:15:17

(5) 1일 식품 구성의 예

식품군	곡류군	어육류군		채소군	지방군	우유군		과일군
		저지방	중지방			일반우유	저지방우유	
교환단위수	10	3	0.5	7	4	1		3

(6) 끼니별 배분의 예

끼니	곡류군	어육류군		채소군	지방군	우유군		과일군
		저지방	중지방			일반우유	저지방우유	
아침	3	1		2	1			
간식								1
점심	3.5	1		2.5	1.5			
간식						1		1
저녁	3.5	1	0.5	2.5	1.5			
간식								1
계	10	3	0.5	7	4	1		3

(7) 식단의 예

끼니	음식명	재료명	식품교환수 (1교환량, g)	중량(g)	식품군
아침	쌀밥	쌀	3(30)	90	곡류군
	콩나물국	콩나물	0.5(70)	35	채소군
	북어찜	북어	1(15)	15	어육류군(저)
		참기름	0.7(5)	3.5	지방군
	취나물무침	취나물	0.7(70)	49	채소군
		참기름	0.3(5)	1.5	지방군
	상추겉절이	상추	0.3(70)	21	채소군
	배추김치	배추김치	0.5(50)	25	채소군
간식	귤	귤	1(120)	120	과일군
점심	콩밥	쌀	3(30)	90	곡류군
		콩	0.5(20)	10	어육류군(중)
	감자미역국	미역	0.5(70)	35	채소군
		감자	0.5(140)	70	곡류군
	달래오이생채	달래	0.3(70)	21	채소군
		오이	0.7(70)	49	채소군
	병어고추장조림	병어	1(50)	50	어육류군(저)
		참기름	0.7(5)	3.5	지방군
	연근조림	연근	0.5(40)	20	채소군
		콩기름	0.8(5)	4.0	지방군
	총각김치	총각김치	0.5(50)	25	채소군
간식	방울토마토	방울토마토	1(300)	300	과일군
	우유	우유	1(200)	200	우유군
저녁	기장밥	쌀	3(30)	90	곡류군
		기장	0.5(30)	15	곡류군
	동태찌개	동태	1(50)	50	어육류군(저)
		무	0.3(70)	21	채소군
	참치샐러드	참치	0.5(50)	25	어육류군(중)
		양상추	0.4(70)	28	채소군
		당근	0.3(70)	21	채소군
		마요네즈	1.5(5)	8	지방군
	시금치나물	시금치	0.8(70)	56	채소군
	배추김치	배추김치	0.6(50)	30	채소군
간식	사과	사과	1(80)	80	과일군

5) 대표음식의 조리법(4인 분량 기준)

(1) 북어찜

재료	중량(g)	만드는 법
북어	45	① 북어포를 토막 내어 물에 불린 후 물기를 빼 놓는다. ② 간장, 고춧가루, 다진 파, 다진 마늘, 참기름, 후춧가루를 섞어 양념장을 만든다. ③ 팬에 북어포를 깔고 양념장을 끼얹은 다음 그 위에 다시 북어포를 놓고 양념장을 끼얹는 과정을 반복한다. ④ 팬에 모든 재료가 준비되면 물을 약간 두른 후 약한불에서 뭉근하게 찜을 한다.
간장	6	
고춧가루	2	
다진 파	5	
다진 마늘	3	
참기름	14	
후추	약간	
물엿	4	

(2) 병어고추장조림

재료	중량(g)	만드는 법
병어	200	① 병어를 깨끗하게 손질하여 씻어 놓는다. ② 간장, 고추장, 다진 파, 생강, 마늘, 참기름으로 양념장을 만든다. ③ 냄비에 병어를 넣은 후 양념장을 끼얹고 소량의 물을 부어 조리한다.
참기름	14	
간장	10	
고추장	5	
파	6	
생강	2	
마늘	2	

(3) 동태찌개

재료	중량(g)	만드는 법
동태	200	① 동태는 손질하여 먹기 좋은 크기로 토막을 낸다. ② 무는 납작하게 나박 썰고, 대파는 어슷 썬다. ③ 냄비에 900mL 정도의 물을 붓고, 고추장을 푼 후 무를 먼저 넣고 끓이다가 동태를 넣어 끓인다. ④ 무와 동태가 익으면 고춧가루, 어슷하게 썬 파와 다진 마늘을 넣고 소금으로 간한다.
무	70	
간장	4	
고추장	10	
파	10	
마늘	6	
고춧가루	3	
소금	약간	

실습 6

단백질 조절식에 관한 문제 연구 및 식단 작성

날 짜	학 번	조	이 름	담당 교수	평 가

문제 연구

조 씨는 48세 남성으로 복수가 차고 발에 부종이 나타났으며 소변량도 평소보다 많이 감소하였다. 음식 맛이 없어 식사를 제대로 하지 못했고 체중이 계속 감소하였다. 평소에는 술을 많이 마셨으나 증세가 악화되면서 술을 마시지 않았고, 일시적인 정신착란증이 나타났다. 조 씨는 날로 난폭해졌으며 증세가 심해졌다. 어느 날 저녁에 선혈을 토하여 병원으로 우송되었으며 비타민, 무기질, 전해질이 첨가된 5% 포도당 용액이 주입되었다. 조 씨의 신장은 165cm이며 현재 체중은 75kg이다.

1. 출혈과 관련된 조 씨의 병리에 대해 설명하시오.

2. 간성혼수 시의 증상과 식이에 대해 설명하시오.

3. 조 씨의 생리상태에 따른 필요한 영양소들을 구체적으로 설명하시오.

4. 식단 작성

1) 표준체중(IBW) 산출

2) 1일 에너지 필요량 산출

3) 당질, 단백질 및 지질 양 산출

4) 1일 영양기준량

에너지(kcal)	당질(g)	단백질(g)	지질(g)	C : P : F

5) 1일 식품구성표

목표 : 에너지 (　　　　)kcal, 당질 (　　　　)g, 단백질 (　　　　)g, 지질 (　　　　)g

식품군		교환수	당질(g)	단백질(g)	지질(g)	에너지(kcal)
곡 류 군						
어육류군	저지방					
	중지방					
	고지방					
채 소 군						
지 방 군						
우유군	일반우유					
	저지방우유					
과 일 군						
계						

6) 끼니별 분배

끼니	곡류군	어육류군			채소군	지방군	우유군		과일군
		저지방	중지방	고지방			일반우유	저지방우유	
아침									
간식									
점심									
간식									
저녁									
간식									
계									

7) 1일 식단

끼니	음식명	재료명	식품교환수 (1교환량, g)	중량(g)	식품군
아침					
간식					
점심					
간식					
저녁					
간식					

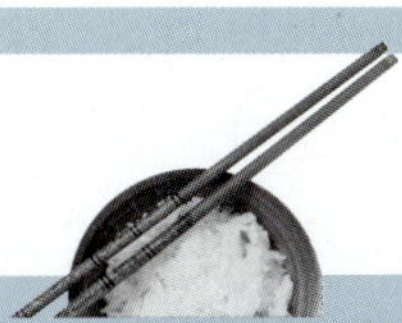

6 Chapter

식사요법실습

체중조절

1. 저에너지식

1) 적용 대상

저에너지식 low calorie diet은 과식, 운동부족, 유전, 잘못된 식습관 등의 원인으로 인하여 섭취에너지에 비하여 소비에너지의 감소로 인한 에너지 불균형으로 여분의 에너지가 지방으로 전환되어 체지방이 과도하게 축적한 비만환자를 대상으로 한다.

2) 목표

비만환자의 체중을 표준체중으로 조절하기 위한 열량제한 식사로 건강을 증진시키며 고지혈증, 당뇨병, 고혈압 등의 위험을 지속적으로 감소시킬 수 있도록 체지방을 줄이는 데 목적을 둔다.

3) 식사원칙 및 유의사항

(1) 채소, 해조류 등과 같이 열량이 적고 포만감을 주는 섬유소가 많은 식품을 준다.
(2) 굶거나 과식하지 않게 하루 3끼 식사를 규칙적으로 한다.
(3) 같은 열량이라도 자주 나누어 먹으면 더욱 효과적이다.
(4) 식품을 선택할 때는 지질과 단순 당질이 적은 것으로 고른다.

(5) 단백질은 제한하지 않고 체중감소는 단계별 목표에 의해 실시한다.
(6) 필요한 영양소를 골고루 함유하도록 균형잡힌 식사를 공급한다.
(7) 식사는 천천히, 소량을 오래 씹어서(30회 이상) 식사시간을 20분 이상으로 한다.
(8) 휴식 전과 취침 전에는 먹지 않도록 하며, 정해진 시간에만 섭취한다.
(9) 과일류는 당질의 함량이 많으므로 다량 섭취는 피하도록 하며, 당질이 적고 비타민 C의 함량이 많은 딸기, 토마토 등을 선택한다.
(10) 생선이나 두부, 콩, 살코기도 적당히 섭취하며, 지방 함량이 많은 것을 피한다.
(11) 기름은 불포화지방산의 양이 많은 식물성 기름을 사용한다.
(12) 수분량이 많은 요리법을 연구하여 저에너지식으로 포만감을 줄 수 있도록 한다.
(13) 싱겁고 담백하게 요리한다. 음식이 짜거나 매우면 식욕을 증진시키기 때문이다. 또한 합병증이 있을 경우 소금의 섭취량을 줄인다.
(14) 향신료는 식욕을 자극하므로 제한한다.
(15) 음식 섭취량 3,500kcal를 줄이면 체중이 약 0.5kg이 줄어든다. 바람직한 체중감량은 필수적이므로 목표를 세우고 그에 따른 섭취량을 조절한다.

4) 섭취 에너지 및 영양소의 결정

(1) 에너지는 성별, 연령, 신장, 체중, 운동량 등에 따라 다르고 또 체중감소의 속도에 따라 다르다.
(2) '표준체중 × 30~35(kcal)' 로 섭취에너지를 결정하지만 키가 작은 사람의 경우 1,200kcal/일 이하가 되어 성인 1일 에너지 소요량의 절반 정도밖에 안 되어 장기간 사용은 곤란하다.
(3) 단백질은 표준체중 1kg당 1~1.5g이 필요하며 1일 최저 60g을 섭취해야 한다.
(4) 당질은 1일 최저 100g을 섭취해야 한다. 이것은 체지방이 완전연소되는데 당질이 일정량 필요하기 때문이다.
(5) 지질은 지용성 비타민과 함께 섭취하도록 하며, 최소한 1일 10~20g을 섭취하는 것이 바람직하다.
(6) 이 밖에 소금의 경우 1일 5g 이하로 하는 것이 좋다.
(7) 3대 영양소는 단백질 20%, 지방 20~25%, 당질 55~60%로 배분하는 것이 좋다.

5) 주의해야 할 식품

(1) 음료

식품명	포장단위 1캔(mL)	에너지 (kcal)	식품명	포장단위 1캔(mL)	에너지 (kcal)
코카콜라	250	100	카프치노모카(한국네슬레)	16(스틱)	69
펩시콜라	250	100	밀키스	250	150
라이트콜라	250	0	스프라이트	250	75
킨사이다	250	120	게토레이/레몬맛	250	80
칠성사이다	250	100	포카리스웨트	250	60
데미소다/사과	250	100	아침햇살	180	95
환타/오렌지	250	120	카페라테(스타벅스)	237	110
환타/포도	250	160	델몬트 스카시오렌지	180	90
비락식혜	238	130	마하-7	250	60
미에로화이바	100	50	화이브미니	100	40

(2) 간식

식품명	목측량 (g)	중량 (g)	에너지 (kcal)	식품명	목측량 (g)	중량 (g)	에너지 (kcal)
라면	1개	120	500	프렌치토스트	1쪽	30	100
김밥	1개	30	40	애플파이	1쪽	90	295
유부초밥	1개	30	50	피자	1쪽	100	250
찹쌀떡	1개	70	160	핫도그	1개	100	280
개피떡	1개	30	80	햄버거(맥도널드)	1개	100	260
송편	1개	20	60	햄버거(버거킹)	1개	130	310
소보로빵	1개	60	200	켄터키 프라이드치킨	1쪽	70	210
링도넛	1개	30	125				
카스텔라	1개	100	317	셈베이	1개	7	25
파운드케이크	1쪽	70	230	아이스크림	1개	60	100
핫케이크	1쪽	70	200	밀크셰이크	1컵	240	340
캐러멜	6개	30	120	초콜릿	1개	30	150

6) 환자식

【사례】
45세 여성, 비만 환자임
신장 160cm, 체중 69kg
주부이며 가벼운 활동을 함

(1) 1단계 : 표준체중 구하기

표준체중 구하기: 1.6m × 1.6m × 22 = 56.3kg ≒ 56kg

(2) 2단계 : 비만도 판정하기

표준체중비 구하기: 69kg ÷ 56kg × 100 = 123% (20% 이상이므로 비만)

(3) 3단계 : 영양기준량 구하기

에너지 : 56kg × 25kcal/kg = 1,400kcal
당　질 : 1,400kcal × 0.6 = 840kcal,　840kcal ÷ 4kcal/g = 210g
단백질 : 1,400kcal × 0.2 = 280kcal,　280kcal ÷ 4kcal/g = 70g
지　질 : 1,400kcal × 0.2 = 280kcal,　280kcal ÷ 9kcal/g = 31g

비만도가 125% 이상인 비만환자의 경우 실제체중 대신 조정체중이나 표준체중을 적용하여 영양기준량을 산출한다.

* 조정체중 = 표준체중 + (현재체중 − 표준체중) × 0.25

(4) 1일 영양기준량

에너지(kcal)	당질(g)	단백질(g)	지질(g)	C : P : F
1,400	210	70	31	60 : 20 : 20

(5) 1일 식품 구성의 예

구분	곡류군	어육류군		채소군	지방군	우유군		과일군
		저지방	중지방			일반우유	저지방우유	
교환단위수	6	3	1	8	3		1	2

(6) 끼니별 배분

끼니	곡류군	어육류군			채소군	지방군	우유군		과일군
		저지방	중지방	고지방			일반우유	저지방우유	
아침	2	1			2.5	1			
간식								1	
점심	2	1	0.5		3	1			
간식									1
저녁		1	0.5		2.5	1			
간식									1
계	6	3	1		8	3		1	2

(7) 식단의 예

끼니	음식명	재료명	교환수 (1교환량, g)	중량(g)	식품군
아침	보리밥	쌀	1(30)	30	곡류군
		보리쌀	1(30)	30	곡류군
	콩나물우거짓국	콩나물	0.5(70)	35	채소군
		우거지	0.4(70)	28	채소군
	임연수어조림	임연수어	1(50)	50	어육류군(저)
		식용유	0.5(5)	2.5	지방군
	우엉조림	우엉	1(40)	40	채소군
		식용유	0.5(5)	2.5	지방군
	배추김치	배추김치	0.6(50)	30	채소군
간식	저지방우유	저지방우유	1(200)	200	우유군
점심	보리밥	쌀	1(30)	30	곡류군
		보리쌀	1(30)	30	곡류군
	쇠고기버섯찌개	쇠고기	1(40)	40	어육류군(저)
		두부	0.5(80)	40	어육류군(중)
		버섯	0.4(50)	20	채소군
	미나리무침	미나리	1(70)	70	채소군
		참기름	0.5(5)	2.5	지방군
	미역줄기볶음	미역줄기	0.5(70)	35	채소군
		양파	0.3(70)	21	채소군
		식용유	0.5(5)	2.5	지방군
	배추김치	배추김치	0.8(50)	40	채소군
간식	방울토마토	방울토마토	1(300)	300	과일군
저녁	보리밥	쌀	1(30)	30	곡류군
		보리쌀	1(30)	30	곡류군
	돼지고기 김치찌개	돼지고기	0.5(40)	20	어육류군(중)
		김치	1(50)	50	채소군
	조기구이	조기	1(50)	50	어육류군(저)
		식용유	0.5(5)	2.5	지방군
	열무겉절이	열무	0.7(50)	35	채소군
	김구이	김	0.8(2)	2	채소군
		식용유	0.5(5)	2.5	지방군
간식	귤	귤	1(120)	120	과일군

7) 대표음식의 조리법(4인 분량 기준)

(1) 콩나물 우거짓국

재료	중량(g)	만드는 법
콩나물	140	① 콩나물은 깨끗이 다듬어 씻는다. ② 우거지는 끓는물에 데쳐 놓는다. ③ 국멸치로 국물을 낸 후 멸치는 건져낸다. ④ ③의 국물에 된장을 풀고 콩나물 우거지를 넣어 끓인 후 대파, 다진 마늘을 넣고 간을 맞춘다.
우거지	140	
국멸치	8	
된장	15	
파	8	
마늘	4	

(2) 쇠고기 버섯찌개

재료	중량(g)	만드는 법
쇠고기	160	① 쇠고기는 먹기 좋은 크기로 썬다. ② 버섯은 밑둥을 잘라 손으로 찢고, 고추와 대파는 어슷하게 썰어준다. ③ 냄비에 쇠고기를 넣고 볶다가 물을넣고 끓인다. ④ ③의 국물에 버섯, 고추, 대파, 다진 마늘을 함께 넣고 끓기 시작하면 두부를 넣고 소금으로 간한다.
느타리버섯	100	
두부	160	
고추	5	
파	8	
마늘	4	

(3) 미역줄기볶음

재료	중량(g)	만드는 법
미역줄기	140	① 미역줄기는 물에 담가 짠맛을 제거하고 물기를 빼고 먹기 좋게 잘라준다. ② 팬에 식용유를 두르고 채 썬 양파를 볶아준다. ③ 미역줄기를 함께 넣고 볶다가 다진 마늘을 넣고 마무리한다.
양파	140	
다진 마늘	4	
식용유	1큰술	

실습 7

저열량식에 관한 문제 연구 및 식단 작성

날 짜	학 번	조	이 름	담당 교수	평 가

문제 연구

철수는 올해 고등학교 2학년이며 신장이 178cm이고 체중이 90kg이다. 철수는 아버지가 당뇨병으로 고생하시므로 체중을 감량하려고 마음먹었다. 평소에 운동을 별로 좋아하지 않았고 중국음식, 라면, 돈가스, 감자튀김, 콜라 등 기름진 음식을 좋아했기 때문에 생활방식을 바꾸려고 마음먹었다.

조정체중 adjusted body weight, ABW = 표준체중 + (현재체중 − 표준체중) × 0.25

1. 철수의 조정체중과 표준체중을 구하고 비만도를 산출하시오.

2. 철수가 체중을 유지한다고 할 때 1일 필요에너지를 구하시오. 또 6개월에 10kg을 줄이려면 1일 몇 kcal를 섭취해야 하는가?

3. 철수가 비만이 된 원인에 대해 설명하시오.

4. 식단 작성

1) 표준체중 산출

2) 1일 에너지 필요량 산출

3) 당질, 단백질 및 지질 양 산출(C : P : F = 60 : 20 : 20)

4) 1일 영양기준량

에너지(kcal)	당질(g)	단백질(g)	지질(g)	C : P : F

5) 1일 식품구성표

목표 : 에너지 (　　　　)kcal, 당질 (　　　　)g, 단백질 (　　　　)g, 지질 (　　　　)g

식품군		교환수	당질(g)	단백질(g)	지질(g)	에너지(kcal)
곡 류 군						
어육류군	저지방					
	중지방					
	고지방					
채 소 군						
지 방 군						
우유군	일반우유					
	저지방우유					
과 일 군						
계						

6) 끼니별 분배

끼니	곡류군	어육류군			채소군	지방군	우유군		과일군
		저지방	중지방	고지방			일반우유	저지방우유	
아침									
간식									
점심									
간식									
저녁									
간식									
계									

7) 1일 식단

끼니	음식명	재료명	식품교환수 (1교환량, g)	중량(g)	식품군
아침					
간식					
점심					
간식					
저녁					
간식					

5. 조별 실습(1끼)

1) 1끼 영양기준량

에너지(kcal)	당질(g)	단백질(g)	지질(g)	C : P : F

2) 1끼 식품구성표

식품군	곡류군	어육류군			채소군	지방군	우유군		과일군
		저지방	중지방	고지방			일반우유	저지방우유	
교환단위수									

3) 식단

끼니	음식명	재료명	식품교환수 (1교환량, g)	중량(g)	식품군

4) 만드는 방법

5) 고찰 및 평가

식사요법실습

7 Chapter

심장순환계질환

1. 고혈압식 – 저염식

1) 적용 대상

고혈압을 위한 저염식 low salt diet은 고혈압, 울혈성 심부전, 심장병, 임신중독증, 복수가 있는 간경변증 환자에게 처방한다. 또한 부종의 방지 및 혈압조절을 필요로 하는 환자에게 적용한다.

2) 목표

(1) 이상적인 체중을 유지하도록 영양 상태를 개선한다.
(2) 합병증을 초래할 수 있는 식사요인을 제거하여 정상적인 기능을 할 수 있도록 한다.
(3) 혈압 저하를 위해 나트륨 섭취를 제한하고 활동량을 증가시킨다.

3) 식사원칙 및 유의사항

(1) 에너지는 정상체중의 필요량에서 10% 정도를 감한다
(2) 단백질은 양질의 단백질로 적당한 양(kg당 0.8~1.2g) 조절이 필요하다.
(3) 탄수화물은 다른 영양소와 균형을 맞추며, 설탕보다 복합 당질로 섭취하게 한다.
(4) 지질의 섭취량은 총에너지 필요량 범위 내에서 적정량을 넘지 않도록 조절한다.

(5) 혈압의 정도에 따라 나트륨 섭취량을 조절한다.

(6) 신선한 채소와 과일로 무기질 및 비타민류를 섭취하고, 변비도 예방토록 한다.

(7) 커피, 홍차, 알코올 음료 등과 매운 고추, 고춧가루, 겨자, 고추냉이 등은 가능한 한 피한다.

(8) 규칙적인 식사를 하며, 특히 저녁시간의 과식을 피하고 취침 전 식사를 금한다.

(9) 소금 및 나트륨을 공급하는 조미료를 대신하여 식초, 설탕, 후추, 계피, 정향 등의 향신료를 사용할 수 있다.

(10) 레몬즙, 유자즙, 유자피, 레몬피, 들깨, 잣가루, 땅콩가루, 참깨, 사과소스, 무염 피클은 사용 가능하다.

[표 7-1] **단계별 나트륨 섭취량 제한**

단 계	경저염식	저염식	무염식
소금(g)	8~10	5	<1
나트륨(mg)	3,000~4,000	2,000	<400
조리 중 식염 사용량(매끼)	식염 2g이나 간장 10mL	식염 1.5g이나 간장 7.5mL	금지
조리 시 유의사항	저염식에 매끼 1g의 식염이나 5mL의 간장을 별도로 공급하여 환자가 원하는 요리에 첨가	해조류 및 냉동생선은 물에 담가 나트륨을 제거한 후에 사용	금지
식품선택 제한	장아찌, 식염에 절인 식품, 가공식품	마요네즈나 토마토케첩은 허용된 범위 내에서 사용	우유, 어육류, 일부 채소(근대, 쑥갓, 시금치)

[표 7-2] **소금 1g에 해당하는 양념의 양**

식품명	중량(g)	목측량
소금	1	1/2 작은술
진간장	5	1작은술
된장, 고추장	10	1.2큰술
우스타소스	40	2.5큰술
마요네즈	40	2.5큰술
토마토케첩	30	2큰술
마가린, 버터	50	3큰술

* 소금 1g은 나트륨 400mg에 해당한다.

4) 식염을 줄이는 조리법

(1) 구이, 샤브샤브와 같이 조리 후 초간장에 찍어 먹는 조리법을 이용한다.
(2) 설탕, 식초, 레몬, 오렌지, 귤 등을 이용하여 신맛과 단맛을 적절하게 이용한다.
(3) 감자, 고구마, 버섯류, 콩 등 식품 자체의 맛으로 먹을 수 있는 음식을 선택한다.
(4) 음식을 만들 때 김, 깨, 호두, 땅콩 등을 갈아서 사용한다.
(5) 적은 양의 소금과 간장을 요리가 완성된 후 식사하기 바로 직전에 넣도록 한다.
(6) 허용된 염분의 양을 한두 가지 음식에 집중적으로 넣도록 한다.
(7) 가능한 한 국물이 적은 요리법을 이용한다.

5) 나트륨의 허용식품과 제한식품

식품군	허용식품	제한식품
곡류군	제한 식품 이외의 곡류	소금, 베이킹파우더, 소다를 넣어 만든 빵 제품, 케이크, 시리얼
육류군	신선한 생선 및 육류, 두부, 달걀	육가공품(베이컨, 햄, 소시지, 치즈) 젓갈류, 통조림류, 내장류 해산물(새우, 게, 조개)
채소군	신선한 채소류	김치류, 장아찌, 해조류, 통조림식품
지방군	식물성 기름	버터, 마가린, 마요네즈, 케첩
우유군	우유, 두유 등	–
과일군	신선한 과일	통조림 제품
기 타	설탕, 잼, 젤리, 커스터드, 홍차, 커피, 탄산음료수, 고춧가루, 후추, 식초, 겨자	통조림 제품(토마토주스), 화학 조미료, 장류(고추장, 된장)

6) 환자식

【사례】
49세 남성, 혈압이 170/120mmHg
신장 177cm, 체중 85kg
회사원이며 중등 활동을 함

(1) 1단계 : 표준체중 구하기

표준체중 구하기 : $1.77m \times 1.77m \times 22 = 68.9kg \fallingdotseq 69kg$

(2) 2단계 비만도 판정하기

표준체중비 구하기 : $85kg \div 69kg \times 100 = 123\%$(비만)

(3) 3단계 : 영양기준량 구하기

에너지 : $69kg \times 26kcal/kg = 1,794kcal \fallingdotseq 1,800kcal$

당　질 : $1,800kcal \times 0.63 = 1,134kcal$, $1,134kcal \div 4 = 283g$

단백질 : $68.9kg \times 1.1g/kg = 75.8g \fallingdotseq 76g$

$76g \times 4kcal/g = 304kcal$

지　질 : $1,800kcal - (1,134 + 304)kcal = 362kcal$

$362kcal \div 9kcal/g = 40.2g \fallingdotseq 40g$

(4) 1일 영양기준량(저염식 : 소금 5g)

에너지(kcal)	당질(g)	단백질(g)	지질(g)	나트륨(mg)	C:P:F
1,800	283	76	40	2,000	63:17:20

(5) 1일 식품 구성의 예(저염식 : 소금 5g)

식품군	곡류군	어육류군		채소군	지방군	우유군		과일군	소금(g)
		저지방	중지방			일반우유	저지방우유		
교환단위수	9	2	3	7	4	1		2	5

(6) 끼니별 배분의 예

끼니	곡류군	어육류군			채소군	지방군	우유군		과일군
		저지방	중지방	고지방			일반우유	저지방우유	
아침	3		1		2	1	1		
간식									
점심	3	1	1		2.5	2			
간식									1
저녁	3	1	1		2.5	1			
간식									1
계	9	2	3		7	4	1		2

(7) 식단의 예

끼니	식단명	재료명	교환수 (1교환량, g)	중량(g)	식품군
아침	쌀밥	쌀	3 (30)	90	곡류군
	미역국	건미역	0.5 (6)	3	채소군
		들기름	1 (5)	5	지방군
		간장	0.5 (5)	2.5	
	달걀찜	달걀	1 (55)	55	어육류군(중)
		소금	0.5 (1)	0.5	
	도라지초무침	도라지	1 (40)	40	채소군
		고춧가루			
		식초			
	김치	백김치	0.5 (50)	25	채소군
간식	우유	우유	1 (200)	200	우유군

끼니	식단명	재료명	교환수 (1교환량, g)	중량(g)	식품군
점심	보리밥	쌀	2.5(30)	75	곡류군
		보리	0.5(30)	15	곡류군
	쇠고기뭇국	쇠고기	1(40)	40	어육류군(저)
		무	0.5(70)	35	채소군
		기름	0.5(5)	2.5	지방군
		소금*	0.5(1)	0.5	
	꽁치조림	꽁치	0.8(50)	40	어육류군(중)
		무	0.5(70)	35	채소군
		고춧가루			
		간장	0.5(5)	2.5	
	애호박달걀전	애호박	1(70)	70	채소군
		달걀	0.2(55)	11	어육류군(중)
		식용유	1(5)	5	지방군
	숙주나물	숙주	1(70)	70	채소군
		참기름	0.5(5)	2.5	지방군
	저염깍두기	깍두기	0.5(50)	25	채소군
간식	귤	귤	1(100)	100	과일군
저녁	쌀밥	쌀	3(30)	90	곡류군
	콩나물국	콩나물	0.8(70)	56	채소군
		소금*	0.5(1)	0.5	
		고춧가루			
	육원전	돼지고기	1(40)	40	어육류군(저)
		식용유	1(5)	5	지방군
		당근	0.3(70)	21	채소군
		양파	0.3(70)	21	채소군
	갈치조림	갈치	1(50)	50	어육류군(중)
		무	0.6(70)	42	채소군
	오이초무침	오이	0.5(70)	35	채소군
		식초/설탕		약간	
간식	사과	사과	1(80)	80	과일군

* 주의 : 1일 섭취량 중 식품 자체에 존재하는 염분을 소금으로 2g이라 하면 1일 첨가 가능한 소금량은 3g이다.

7) 대표음식의 조리법(4인 분량 기준)

(1) 쇠고기뭇국

재료	중량(g)	만드는 법
쇠고기	160	① 쇠고기와 무는 나박썰기 한다. ② 냄비에 들기름을 두르고 쇠고기와 무를 넣고 볶다가 물을 넣어 끓여준다. ③ 소금으로 간을 하고 마늘, 파를 넣고 한번 끓으면 불에서 내린다.
무	140	
참기름	10	
대파	12	
소금	약간	
마늘	10	

(2) 꽁치조림

재료	중량(g)	만드는 법
꽁치	160	① 꽁치는 내장을 제거하고 깨끗이 정리한 후 토막을 먹기 좋게 나눈다. ② 무우는 도톰하게 썰어서 냄비에 깔고 그 위에 꽁치를 놓는다. ③ 양념간장을 위에 끼얹고 뭉근하게 끓인다.
무	140	
간장	10	
대파	12	
고춧가루	10	
마늘	10	

(3) 육원전

재료	중량(g)	만드는 법
돼지고기	160	① 돼지고기를 갈아놓고, 당근과 양파를 잘게 다져 함께 섞어서 밤알 크기만큼 빚어 놓는다. ② 프라이팬에 기름을 두르고 달구어 노릇노릇 익혀낸다.
당근	84	
양파	60	
기름	20	

실습 8

저염식에 관한 문제 연구 및 식단 작성

날 짜	학 번	조	이 름	담당 교수	평 가

문제 연구

성 씨는 55세의 남성으로 변호사이며 근무시간이 길어 운동을 할 시간이 거의 없다. 최근 건강검진을 해본 결과 혈압이 165/110mmHg였다. 그는 최근에 담배를 끊었고 그 후 체중이 많이 증가된 것을 알았다. 하여 체중을 재어보니 85kg이고 키는 175cm이다. 그는 하루 3번의 식사를 하고 야채는 좋아하지 않아 거의 먹지 않으며 고기를 거의 매일 먹는 편이다. 퇴근 후에는 맥주나 소주를 즐겨 마시며 때로는 빵, 과자 등 간식도 먹는다. 체중이 증가되어 성 씨는 담배를 다시 피우기 시작했다. 성 씨는 주치의와 상담한 결과 술, 담배를 끊으라는 말을 들었다.

1. 성 씨의 영양적 문제점을 찾아 개선방안을 설정하시오.

2. 성 씨의 표준체중를 구하고 비만도를 구하시오.

3. 성 씨의 생리상태에 따른 식사처방을 설명하시오.

4. 식단 작성

1) 표준체중 산출

2) 1일 에너지 필요량 산출

3) 당질, 단백질 및 지질 양 산출

4) 1일 영양기준량(저염식 : 나트륨 2,000mg)

에너지(kcal)	당질(g)	단백질(g)	지질(g)

5) 1일 식품구성표

목표 : 에너지 ( )kcal, 당질 ( )g, 단백질 ( )g, 지질 ( )g

식품군		교환수	당질(g)	단백질(g)	지질(g)	에너지(kcal)
곡 류 군						
어육류군	저지방					
	중지방					
	고지방					
채 소 군						
지 방 군						
우유군	일반우유					
	저지방우유					
과 일 군						
계						

6) 끼니별 분배

끼니	곡류군	어육류군			채소군	지방군	우유군		과일군
		저지방	중지방	고지방			일반우유	저지방우유	
아침									
간식									
점심									
간식									
저녁									
간식									
계									

7) 1일 식단

끼니	음식명	재료명	식품교환수 (1교환량, g)	중량(g)	식품군
아침					
간식					
점심					
간식					
저녁					
간식					

5. 조별 실습(1끼)

1) 1끼 영양기준량

에너지(kcal)	당질(g)	단백질(g)	지질(g)	나트륨(mg)

2) 1끼 식품구성표

식품군	곡류군	어육류군			채소군	지방군	우유군		과일군
		저지방	중지방	고지방			일반우유	저지방우유	
식품교환수									

3) 식단

끼니	음식명	재료명	식품교환수 (1교환량, g)	중량(g)	식품군

4) 만드는 방법

5) 고찰 및 평가

2. 고지혈증 환자식

1) 적용 대상

고지혈증식 hyperlipidemic diet은 고지혈증 환자에게 적용한다

2) 목표

식사 조절을 통해 체중조절을 강조하며 지방의 종류와 양, 콜레스테롤, 탄수화물, 알코올에 대한 식이조성을 달리하여 혈중 지방의 정상화를 목적으로 한다.

3) 식사원칙 및 유의사항

(1) 쇠고기, 돼지고기, 닭고기 등은 껍질과 지방 등 눈에 보이는 기름은 모두 잘라내고 살코기만을 사용하여 조리 시 튀김이나 기름을 많이 사용하는 조리법은 피하고 주로 찜, 구이, 조림의 방법을 택한다.

(2) 가공한 육류(햄, 베이컨, 소시지, 핫도그 등)는 지방이 많으므로 먹지 않도록 한다.

(3) 생선은 콜레스테롤을 함유하고 있으나 포화지방산의 함량이 적으므로 고기보다 자주 섭취한다.

(4) 우유는 가능하면 탈지우유 또는 저지방우유로 섭취한다.

(5) 달걀은 노른자를 제외한 흰자의 사용은 가능하다.

(6) 채소나 과일은 섬유소, 비타민, 무기질 등이 풍부하므로 충분히 섭취한다. 그러나 중성지방이 높거나 비만한 경우에는 과일의 과잉 섭취를 피한다.

(7) 곡류와 콩 등은 제한할 필요는 없지만 지나친 섭취는 피하면서 도정이 덜 된 곡류나 콩의 섭취를 권한다.

(8) 견과류(땅콩, 호두, 잣 등)는 불포화지방산은 많으나 동시에 지방 및 열량이 높으므로 섭취 시 주의한다.

(9) 사탕, 초콜릿 등 단순당질 및 지방량이 많은 것과 크래커, 감자칩, 쿠키, 케이크, 파이 등 포화지방산 함량이 높은 것은 피한다.

(10) 조리 시 지나친 염분은 피한다.

(11) 정상체중을 유지해야 한다.

(12) 알코올은 가급적 피한다.

(13) 조리방법은 기름을 적게 쓰는 찜, 구이, 조림 등의 조리법을 택한다.

4) 고지혈증의 분류(WHO)

고지혈증은 표 7-3 과 같이 분류한다.

[표 7-3] 고지혈증의 분류

형태	지단백	지질 농도			유도 조건	발증 원인	발증
		cholesterol	TG	C/TG			
Ⅰ	킬로미크론 증가	↑~	↑↑↑	<0.2	고지방식	지단백분해효소 (LPL) 결핍	10세 이하
Ⅱa	LDL증가	↑↑↑	~↑	1.5<	고콜레스테롤식 고포화지방산식 고에너지식	LDL 수용체 이상, LDL 합성항진	30세 전후
Ⅱb	LDL과 VLDL증가	↑↑	↑↑	>0.5	고콜레스테롤식 고당질식 고에너지식 고포화지방산	LDL 수용체 이상, VLDL,LDL합성항진	30세 전후
Ⅲ	LDL증가	↑↑	↑↑	≒1.0	고지방 고당질식	아포단백질 E 이상으로 간에서의 IDL 결합저하	성인 이후
Ⅳ	VLDL증가	~↑	↑↑	<0.2	고당질식	VLDL 합성항진 VLDL 처리장애	성인 이후
Ⅴ	킬로미크론과 VLDL증가	↑	↑↑↑	0.15 ~ 0.6	고지방 및 고당질식 고에너지식	합성항진, 킬로미크론과 VLDL의 처리장애	성인 이후

5) 분류별 식사지침

(1) Ⅰ형태

① 저지방(25~35g, 어린이는 10~15g), 주로 MCT로 공급한다.

② 열량, 단백질, 당질, 콜레스테롤 등은 모두 제한 없다.

③ 알코올은 금한다.

(2) Ⅱa 형태

① 포화지방산의 섭취를 제한하고, 다가불포화지방산의 섭취를 증가시키며, 저콜레스테롤을 섭취토록 한다(1일 200mg 미만).

② 에너지, 단백질, 당질, 알코올 등은 제한 없다.

③ 동맥경화로의 진행 위험도가 높다.

(3) Ⅱb와 Ⅲ 형태

① 저지방(총에너지의 20% 이내), 저포화지방산 및 저콜레스테롤(200mg 미만/일)을 섭취토록 한다.

② 표준체중을 유지하는 정도의 에너지와 고단백질, 저당질 식사를 하게 한다.

③ 동맥경화로의 진행 위험도가 높다. 알코올은 제한한다.

(4) Ⅳ 형태

① 저포화지방산(P/S=2/1)과 저콜레스테롤(200mg 미만/일)을 섭취토록 한다.

② 총에너지의 40~45%로 당질을 조절하고 농축당은 피한다.

③ 단백질과 알코올은 제한하지 않으며, 에너지는 표준체중을 유지하는 정도로 조절한다.

(5) Ⅴ 형태

① 지질은 총에너지의 20% 이내로 제한하며 다가불포화지방산을 포화지방산에 우선하여 권장한다.

② 저콜레스테롤(200mg 미만/일), 고단백질을 공급하고 알코올은 금한다.

③ 총에너지의 45~50%로 당질을 조절하고 농축당은 피한다.

④ 에너지는 표준체중을 유지하는 정도로 조절한다.

6) 고콜레스테롤 혈증에 대한 식사요법의 원칙 요약

[표 7-4] 고콜레스테롤혈증에 대한 식사요법의 원칙 요약

식이성분	고콜레스테롤혈증	고중성지방혈증
1일 총열량	정상체중을 유지하는 범위 과체중이거나 비만상태이면 체중조절이 필요하다.	
총 지방량 포화지방산 다불포화지방산 단일불포화지방산	총 칼로리의 15~20% 총 칼로리의 6% 이하 총 칼로리의 6% 이하 총 칼로리의 10% 이하	총 칼로리의 15~25%
당질	총 칼로리의 60~65%	50~55%
단백질	총 칼로리의 15~20%	
콜레스테롤	100mg/1,000kcal미만(200mg미만/일)	

출처 : 한국 지질 · 지질경화학회(2003) : 고지혈증치료지침

7) 허용식품과 제한식품

고지혈증에서 허용하는 식품과 제한하는 식품은 다음과 같다.

[표 7-5] 고지혈증의 허용식품과 제한식품

식 품 군	허 용 식 품	제 한 식 품
곡류군	밥, 빵, 국수	달걀이나 버터가 많이 들어간 케이크, 생크림 케이크, 버터로 튀긴 팝콘, 기름기 많은 크래커
어육류군	쇠고기와 돼지고기의 경우에는 기름기 부분을 완전히 제거한 살코기, 껍질 제거한 닭고기, 생선이나 조개류, 달걀흰자	삼겹살, 갈비, 내장육, 껍질째 튀긴 닭, 튀긴 생선이나 조개류, 가공식품(스팸, 소시지, 베이컨), 말린 오징어, 뱀장어, 새우류, 달걀노른자, 메추리알, 생선알, 젓갈류
채소 및 과일군	신선한 모든 채소와 과일	버터, 치즈, 크림소스가 첨가된 채소
지방군	식물성 기름, 마가린	버터, 돼지기름, 쇼트닝, 쇠기름, 마요네즈, 딱딱한 마가린, 코코넛 기름, 야자유
우유군	저지방우유, 탈지분유 저지방요구르트	일반 우유, 연유, 치즈, 크림치즈, 아이스크림, 커피크림
간식	과일주스, 이온음료	초콜릿, 파이, 도넛, 튀김류

8) 콜레스테롤 함유식품

식품의 콜레스테롤 함량은 다음과 같다.

[표 7-6] **식품의 콜레스테롤 함량**

구 분	식 품	식품량(g)
콜레스테롤이 많은 식품 (70mg 이상)	쇠간, 돼지간, 메추리알(5개), 명란젓, 달걀, 물오징어, 새우(중하 3마리), 장어 (소 1토막), 미꾸라지, 소라, 문어, 전복, 뱀장어	40 50 70
콜레스테롤이 적은 식품 (50mg 이하)	치즈(1.5장) 쇠고기, 돼지고기, 닭고기(살) 참치, 꽁치, 참도미, 가자미, 갈치(소 1토막) 굴, 꽃게(소 1마리) 우유(1컵)	30 40 50 70 200
콜레스테롤이 없는 식품 (0)	달걀흰자, 채소, 과일, 밥, 국수류 식물성 기름, 두부, 콩, 두유 등 기타 모든 식물성 식품	

9) 환자식

【사례】
60세 남성, 고콜레스테롤혈증 환자임
신장 165cm, 체중 63kg
공무원이며 중등 활동을 함

(1) 1단계 : 표준체중 구하기

표준체중 구하기 : 1.65m × 1.65m × 22 = 60kg

(2) 2단계 : 비만도 판정하기

표준체중비 구하기 : 63kg ÷ 60kg × 100 = 105%(정상체중 범위)

(3) 3단계 : 영양기준량 구하기

에너지 : 60kg × 30kcal/kg = 1,800kcal

당　질 : 1,800kcal × 0.62 = 1,120kcal,　1,120kcal ÷ 4kcal/g = 280g

단백질 : 63kg × 1.27g = 80g,　80g × 4kcal/g = 320kcal

지　질 : 1,800kcal − (1120 + 320) kcal = 360kcal,　360kcal ÷ 9kcal/g = 40g

(4) 1일 영양기준량

에너지(kcal)	당질(g)	단백질(g)	지질(g)	콜레스테롤 (mg)	C:P:F
1,800	280	80	40	180 이하	62:18:20

(5) 1일 식품 구성의 예

구분	곡류군	어육류군		채소군	지방군	우유군		과일군
		저지방	중지방			일반우유	저지방우유	
교환단위수	10	4	1	7	4		1	2

(6) 끼니별 배분의 예

끼니	곡류군	어육류군		채소군	지방군	우유군		과일군
		저지방	중지방			일반우유	저지방우유	
아침	3	1.5		2.5	1.5			
간식							1	
점심	3.5	1	0.5	2.5	1.5			
간식								1
저녁	3.5	1.5	0.5	2	1			
간식								1
계	10	4	1	7	4		1	2

(7) 식단의 예

끼니	음식명	재료명	식품교환수 (1교환량, g)	중량(g)	콜레스테롤 (mg)	식품군
아침	현미밥	현미	3(30)	90		곡류군
	콩나물국	콩나물	0.5(70)	35		채소군
		소금	1(1)	1		
	쇠고기불고기	쇠고기	1.5(40)	60	75	어육류군(저)
		양파	0.3(70)	21		채소군
		송이버섯	0.2(50)	10		채소군
		간장	0.5(5)	2.5		
		참기름	0.5(5)	2.5		지방군
	시금치나물	시금치	0.8(70)	56		채소군
		소금	1(1)	1		
		참기름	0.5(5)	2.5		지방군
	호박나물	호박	0.7(70)	50		채소군
		소금	0.5(1)	0.5		
		식용유	0.5(5)	2.5		지방군
간식	저지방우유	저지방우유	1(200)	200	8	우유군
점심	보리밥	쌀	3(30)	90		곡류군
		보리	0.5(30)	15		곡류군
	두부된장찌개	두부	0.5(80)	40		어육류군(중)
		된장	1(10)	10		
		양파	0.2(70)	14		채소군
		감자	0.1(140)	14		채소군
	병어조림	병어	1(50)	50	36	어육류군(저)
		무	0.3(70)	21		채소군
		간장, 고춧가루	0.5(5)	2.5		
	김구이	김	1(2)	2		채소군
		소금	0.5(1)	0.5		
		참기름	0.5(5)	2.5		지방군
	깻잎나물	깻잎순	0.5(40)	20		채소군
		소금	0.5(1)	0.5		
		식용유	1(5)	5		지방군
	오이생채	오이	0.5(70)	35		채소군
간식	사과	사과	1(80)	80		과일군

끼니	음식명	재료명	식품교환수 (1교환량, g)	중량(g)	콜레스테롤 (mg)	식품군
저녁	팥밥	쌀	3(30)	90		곡류군
		팥	0.5(30)	15		곡류군
	동태국	동태	0.5(50)	25	22	어육류군(저)
		무	0.5(70)	35		채소군
		소금	1(1)	1		
	달걀흰자찜	달걀흰자	1(55)	55		어육류군(저)
		당근	–	약간		채소군
	조개야채볶음	조개	0.5(70)	35	15	어육류군(중)
		양파	0.3(70)	21		채소군
		피망	0.2(70)	14		채소군
		식용유	1(5)	5		지방군
	도라지생채	도라지	1(40)	40		채소군
		소금	1(1)	1		
		고춧가루				
간식	귤	귤	1(120)	120		과일군

10) 대표음식의 조리법(4인 분량 기준)

(1) 쇠고기 불고기

재료	중량(g)	만드는 법
쇠고기	240	① 간장, 설탕, 다진 파와 마늘, 후춧가루를 넣어 양념장을 만든다. ② 쇠고기는 불고기 양념으로 재워둔다. ③ 송이버섯은 먹기 좋은 크기로 썰고 양파도 얇게 썬다. ④ 프라이팬을 달구어 재워둔 불고기, 썰어놓은 송이버섯, 양파를 함께 볶는다.
송이버섯	60	
양파	10	
참기름	10	
간장	10	
마늘	10	
대파	10	

(2) 두부 된장찌개

<table>
<tr><th>재료</th><th>중량(g)</th><th>만드는 법</th></tr>
<tr><td>두부</td><td>160</td><td rowspan="5">① 냄비에 물을 담아 불에 올리고 된장을 풀어준다.
② 양파, 감자는 적당한 크기로 썰어서 함께 넣고 끓인다.
③ 한소끔 끓으면 두부를 넣고 썰어놓은 대파와 마늘을 넣은 후 다시 한 번 끓인다.</td></tr>
<tr><td>된장</td><td>20</td></tr>
<tr><td>양파</td><td>20</td></tr>
<tr><td>감자</td><td>70</td></tr>
<tr><td>대파</td><td>10</td></tr>
</table>

(3) 조개 채소볶음

<table>
<tr><th>재료</th><th>중량(g)</th><th>만드는 법</th></tr>
<tr><td>바지락 조갯살</td><td>70</td><td rowspan="4">① 바지락 조갯살은 소금물에 살살 씻어 체에 밭쳐 둔다.
② 양파와 피망은 먹기 좋은 크기로 썬다.
③ 프라이팬에 기름을 두르고 양파와 피망을 볶다가 바지락 조갯살을 넣어 익힌다.</td></tr>
<tr><td>양파</td><td>50</td></tr>
<tr><td>피망</td><td>20</td></tr>
<tr><td>기름</td><td>10</td></tr>
</table>

실습 9

고지혈증에 관한 문제 연구 및 식단 작성

날 짜	학 번	조	이 름	담당 교수	평 가

문제 연구

양 씨는 올해 49세 남자 회사원으로 매일 늦게까지 일을 했다. 신장은 170cm, 체중은 80kg으로 전에 비해 체중이 약간 줄어들었으며 당뇨가 있다. 특별하게 운동을 하지는 않았고 식사요법을 실시하여 당뇨를 조절하므로 생활에 별 지장은 없었다. 평소에 채소와 과일을 별로 좋아하지 않고 삼겹살을 비롯한 육류, 오징어, 새우 등을 좋아한다. 며칠 전 회사에서 방을 옮기기 위해 짐을 운반하는 도중 가슴뼈 아래쪽 중앙에 통증을 심하게 느꼈다. 잠시 휴식을 취하고 대수롭지 않게 여겼으나 며칠 뒤 계단을 올라가다가 또 통증을 느껴 바로 병원으로 가서 심장 전문의에게 진찰을 받았다. 혈액검사를 실시한 결과 혈중 콜레스테롤 330mg/dL, LDL 콜레스테롤 280mg/dL, 중성지방 300mg/dL로 나타났고, 두 개의 관상동맥이 50% 정도 막혀 있음을 알았다.

1. 양 씨의 병태생리에 맞는 식사처방을 하시오.

2. 표준체중을 Broca법과 BMI법으로 산출하고 비만도를 계산하시오.

3. 운동이 양 씨의 질병에 미치는 영향에 대해 자세히 설명하시오

4. 식단 작성

1) 표준체중 산출

2) 1일 에너지 필요량 산출

3) 당질, 단백질 및 지질 양 산출

4) 1일 영양기준량(콜레스테롤 제한)

에너지(kcal)	당질(g)	단백질(g)	지질(g)	콜레스테롤(mg)	C : P : F

5) 1일 식품구성표

목표 : 에너지 (　　　　)kcal, 당질 (　　　　)g, 단백질 (　　　　)g, 지질 (　　　　)g

식품군		교환수	당질(g)	단백질(g)	지질(g)	에너지(kcal)
곡 류 군						
어육류군	저지방					
	중지방					
	고지방					
채 소 군						
지 방 군						
우유군	일반우유					
	저지방우유					
과 일 군						
계						

6) 끼니별 분배

끼니	곡류군	어육류군			채소군	지방군	우유군		과일군
		저지방	중지방	고지방			일반우유	저지방우유	
아침									
간식									
점심									
간식									
저녁									
간식									
계									

7) 1일 식단

끼니	음식명	재료명	식품교환수 (1교환량, g)	중량(g)	콜레스테롤 (mg)	식품군
아침						
간식						
점심						
간식						
저녁						
간식						

5. 조별 실습(1끼)

1) 1끼 영양기준량

에너지(kcal)	당질(g)	단백질(g)	지질(g)	C : P : F

2) 1끼 식품구성표

식품군	곡류군	어육류군			채소군	지방군	우유군		과일군
		저지방	중지방	고지방			일반우유	저지방우유	

3) 식단

끼니	음식명	재료명	식품교환수 (1교환량, g)	중량(g)	식품군

4) 만드는 방법

5) 고찰 및 평가

8 Chapter

식사요법실습

당뇨

1. 당뇨식

1) 적용 대상

당뇨병, 췌장절제 환자

2) 목표

당뇨병의 종류, 환자의 상태에 따른 치료과정에서 식사와 활동과 약물의 균형을 통하여 정상 혈당과 표준체중을 유지시키고, 적절한 영양을 통해 건강상태를 유지시키며, 합병증을 치료하고 예방한다.

3) 식사원칙 및 유의사항

(1) 표준체중을 유지할 수 있도록 에너지를 조절한다.
(2) 3대 영양소를 적절히 섭취해야 하며 당질을 균일하게 배분한다.
(3) 단순 당질의 과량 섭취를 피한다.
(4) 식사시간을 일정하게 유지한다.
(5) 인슐린의존성 당뇨병인 경우는 취침 전에 저혈당을 막기 위해 간식을 준다.
(6) 간식을 섭취하는 경우 간식도 1일 식사량 내에서 섭취할 수 있도록 미리 계획

한다.

(7) 섬유소의 섭취를 늘릴 수 있도록 하고, 당질과 지질이 많은 식품을 줄여야 한다.

(8) 고지방 어육류군은 제한한다.

(9) 음식의 간은 되도록 자극성 없고 싱겁게 한다. 염분 함량이 높은 식품은 제한한다.

(10) 평소의 식사에 비하면 밥의 양은 감소하고 반찬의 양이 증가하게 된다. 증가된 반찬의 양은 전부 다 섭취하는 것을 원칙으로 하므로, 이를 고려하여 100% 섭취가 이루어질 수 있는 조리방법을 선택한다.

4) 허용식품과 제한식품

허용 식품	제한 식품
김, 미역, 다시마, 버섯류, 당질 함량이 적은 채소류, 곤약, 무가당 식품, 젤라틴	설탕, 꿀, 과일 통조림, 청량음료, 말린 과일, 젓갈류, 삼겹살, 갈비, 프랑크소시지, 치킨, 각종 탕류(설렁탕, 곰탕, 족탕), 통조림 식품, 라면, 과자, 초콜릿, 튀김, 부침, 중국요리

5) 식단 작성 과정

(1) 표준체중 산출

① 체질량지수 법

남자 : 표준체중(kg) = 신장(m) × 신장(m) × 22

여자 : 표준체중(kg) = 신장(m) × 신장(m) × 21

② 브로카법 : 남녀 표준체중 = [신장(cm) − 100] × 0.9

(2) 1일 총에너지 계산 : 표준체중 × 노동에 필요한 에너지(kcal)

① 육체적 활동이 거의 없는 환자 : 표준체중 × 25~30(kcal/일)

② 보통의 활동을 하는 환자 : 표준체중 × 30~35(kcal/일)

③ 심한 육체 활동을 하는 환자 : 표준체중 × 35~40(kcal/일)

(3) 에너지 영양소의 영양기준량 구하기(당질 : 단백질 : 지질 = 60 : 20 : 20)

(4) 1일 식품군별 교환단위수 확정

(5) 끼니별 교환단위수의 배분

(6) 식품교환표를 이용하여 식품 선택

(7) 섭취할 식품의 양 계산

6) 환자식

【사례】
48세 여성, 제2형 당뇨병 환자임
신장 162cm, 체중 62kg
주부이며 중등 활동을 함

(1) 1단계 : 표준체중 구하기

표준체중 구하기 : 1.62m × 1.62m × 21 = 55.11kg ≒ 55kg

(2) 2단계 : 비만도 판정하기

표준체중비 구하기 : 62kg ÷ 55kg × 100 = 113%(과체중)

(3) 3단계 : 영양기준량 구하기

에너지 : 55kg × 33kcal/kg = 1,815kcal ≒ 1,800kcal

당　질 : 1,800kcal × 0.6 = 1,080kcal,　1,080kcal ÷ 4kcal/g = 270g

단백질 : 1,800kcal × 0.2 = 360kcal,　360kcal ÷ 4kcal/g = 90g

지　질 : 1,800kcal × 0.2 = 360kcal,　360kcal ÷ 9kcal/g = 40g

(4) 1일 영양기준량의 예

에너지(kcal)	당질(g)	단백질(g)	지질(g)
1,800	270	90	40

【에너지별 영양기준량의 예】

에너지(kcal)	당질(g)	단백질(g)	지질(g)
1,200	180	60	27
1,500	225	72	33
1,800	270	90	40
2,000	300	100	44
2,500	372	125	56

(5) 1일 식품 구성의 예

구분	곡류군	어육류군		채소군	지방군	우유군		과일군
		저지방	중지방			일반우유	저지방우유	
교환단위수	8	2	3	7	4	2		2

【에너지별 식품교환수의 예】

에너지(kcal)	곡류군	어육류군	채소군	지방군	우유	과일군
1,200	5	4	6	3	1	1
1,300	6	4	6	3	1	1
1,400	7	4	6	3	1	1
1,500	7	5	7	4	1	1
1,600	8	5	7	4	1	1
1,700	8	5	7	4	1	2
1,800	8	5	7	4	2	2
1,900	9	5	7	4	2	2
2,000	10	5	7	4	2	2
2,100	10	6	7	4	2	2
2,200	11	6	7	4	2	2
2,300	11	7	8	5	2	2
2,400	12	7	8	5	2	2

(6) 끼니별 배분의 예(처방에너지 1,800kcal)

<table>
<tr><th rowspan="2">끼니</th><th rowspan="2">곡류군</th><th colspan="3">어육류군</th><th rowspan="2">채소군</th><th rowspan="2">지방군</th><th colspan="2">우유군</th><th rowspan="2">과일군</th></tr>
<tr><th>저지방</th><th>중지방</th><th>고지방</th><th>일반우유</th><th>저지방우유</th></tr>
<tr><td>아침</td><td>2</td><td></td><td>1</td><td></td><td></td><td>2</td><td></td><td></td><td></td></tr>
<tr><td>간식</td><td></td><td></td><td></td><td></td><td></td><td></td><td>1</td><td></td><td></td></tr>
<tr><td>점심</td><td>3</td><td>1</td><td>1</td><td></td><td>2.5</td><td>1.5</td><td></td><td></td><td></td></tr>
<tr><td>간식</td><td></td><td></td><td></td><td></td><td></td><td></td><td>1</td><td></td><td></td></tr>
<tr><td>저녁</td><td>3</td><td>1</td><td>1</td><td></td><td>2.5</td><td>1.5</td><td></td><td></td><td></td></tr>
<tr><td>간식</td><td></td><td></td><td></td><td></td><td></td><td></td><td></td><td></td><td>1</td></tr>
<tr><td>계</td><td>8</td><td>2</td><td>3</td><td></td><td>7</td><td>4</td><td>2</td><td></td><td>2</td></tr>
</table>

(7) 아침식단의 예(처방에너지, 1,800kcal)

<table>
<tr><th rowspan="3">끼니</th><th rowspan="3">음식명</th><th rowspan="3">재료명</th><th colspan="8">교환단위수</th><th>섭취량</th></tr>
<tr><th rowspan="2">곡류군</th><th colspan="2">어육류군</th><th rowspan="2">채소군</th><th rowspan="2">지방군</th><th colspan="2">우유군</th><th rowspan="2">과일군</th><th rowspan="2">기준량×교환단위수
→ 목측량</th></tr>
<tr><th>저</th><th>중</th><th>일반</th><th>저지방</th></tr>
<tr><td rowspan="7">아침</td><td>빵</td><td>식빵</td><td>2</td><td></td><td></td><td></td><td></td><td></td><td></td><td></td><td>1쪽×2→2쪽</td></tr>
<tr><td rowspan="2">달걀
프라이</td><td>달 걀</td><td></td><td></td><td>1</td><td></td><td></td><td></td><td></td><td></td><td>1개×1→1개</td></tr>
<tr><td>식용유</td><td></td><td></td><td></td><td></td><td>0.5</td><td></td><td></td><td></td><td>1작은술×0.5
→ 1/2작은술</td></tr>
<tr><td rowspan="4">채소
샐러드</td><td>양상추</td><td></td><td></td><td></td><td>1</td><td></td><td></td><td></td><td></td><td rowspan="5">70g×2
→ 마요네즈 약간과
채소 수북히 1접시</td></tr>
<tr><td>오 이</td><td></td><td></td><td></td><td>0.5</td><td></td><td></td><td></td><td></td></tr>
<tr><td>당 근</td><td></td><td></td><td></td><td>0.5</td><td></td><td></td><td></td><td></td></tr>
<tr><td>마요네즈</td><td></td><td></td><td></td><td></td><td>0.5</td><td></td><td></td><td></td></tr>
<tr><td></td><td colspan="2">총 교환단위수</td><td>2</td><td></td><td>1</td><td>2</td><td>1</td><td></td><td></td><td></td></tr>
</table>

(8) 1일 식단의 예(1,800kcal)

끼니	음식명	재료명	교환수 (1교환량, g)	중량(g)	식품군
아침	현미밥	현미	2(30)	60	곡류군
	시금치국	시금치	0.7(70)	50	채소군
		된장			
	두부지짐	두부	1(80)	80	어육류군(중)
		식용유	0.5(5)	2.5	지방군
	상추겉절이	상추	1(70)	70	채소군
		참기름	0.5(5)	2.5	지방군
	물김치	물김치	0.3(70)	21	채소군
간식	우유	우유	1(200)	200	우유군
점심	보리밥	쌀	2(30)	60	곡류군
		보리	1(30)	30	곡류군
	뭇국	무	0.7(70)	49	채소군
		북어	0.2(15)	7.5	어육류군(저)
	달걀말이	달걀	1(55)	55	어육류군(중)
		식용유	1(5)	5	지방군
	쑥갓나물	쑥갓	1(70)	70	채소군
		식용유	0.5(5)	2.5	지방군
	병어조림	병어	0.8(50)	40	어육류군(저)
		무	0.3(70)	21	채소군
	배추김치	배추김치	0.5(50)	25	채소군
간식	두유	두유	1(200)	200	우유군
	사과	사과	1(80)	80	과일군
저녁	기장밥	쌀	2.5(30)	75	곡류군
		기장	0.5(30)	15	곡류군
	냉이국	냉이	1(70)	70	채소군
		된장			
	불고기	쇠고기	1(40)	40	어육류군(중)
		식용유	0.5(5)	2.5	지방군
	임연수어구이	임연수어	1(50)	50	어육류군(저)
		식용유	1(5)	5	지방군
	도라지생채	도라지	1(40)	40	채소군
	깍두기	깍두기	0.5(50)	25	채소군
간식	복숭아	복숭아	1(150)	150	과일군

7) 대표음식의 조리법(4인 분량 기준)

(1) 병어조림

재료	중량(g)	만드는 법
병어	100	① 병어는 내장을 아가미에서 제거한 후, 등에 칼집을 넣는다. ② 무는 도톰하게 사각으로 썰어 놓는다. ③ 냄비에 다시마를 깔고 무, 병어를 올린다. ④ 양념장(간장, 고춧가루, 고추장, 설탕, 후춧가루, 맛술, 마늘, 파, 생강, 물 1컵)을 만든다. ⑤ ③의 냄비에 준비한 양념장을 끼얹는다. ⑥ 중불에서 국물을 끼얹어가며 15분 정도 윤기 나게 조려낸다.
무	70	
다시마	6	
소금	약간	
마늘	10	

양념장 재료 : 대파 2뿌리, 맛술 3큰술, 간장 · 고춧가루 · 고추장 2큰술씩, 설탕 · 다진 마늘 1큰술씩, 깨 · 생강즙 1/2큰술씩, 참기름 · 후춧가루 약간씩

(2) 쑥갓나물

재료	중량(g)	만드는 법
쑥갓	300	① 준비한 쑥갓을 굵은 줄기는 7cm 정도의 길이로 자른다. ② 끓는 물에 소금을 약간 넣고 자른 쑥갓을 넣어 뚜껑을 연 채로 살짝 데친다. ③ 데친 쑥갓을 찬물에 헹군 다음 물기를 꼭 짜 놓는다. ④ 쑥갓에 다진 파, 다진 마늘, 소금, 참기름, 깨소금을 넣고 손끝으로 조물조물 무친다. ⑤ 무친 쑥갓나물을 접시에 담고 실고추와 통깨를 얹는다.
다진 파	10	
다진 마늘	4	
소금	2	
깨소금	8	
참기름	5	

(3) 냉이국

재료	중량(g)	만드는 법
냉이	300	① 냉이는 겉잎을 떼내고 뿌리는 그대로 두면서 다듬는다. 흙이 어느 정도 털어졌으면 물로 깨끗이 씻은 다음 체에 밭쳐서 물기를 뺀다. ② 멸치다시물을 끓인다. ③ 멸치를 건져낸 물에 된장을 푼다. ④ 손질한 냉이는 물에 한 번 데친 다음 된장국에 넣고 끓이다가 다진 마늘이나 파를 약간 넣고 한 번 더 끓인 후, 된장이나 국간장으로 간을 맞춘다.
된장	465	
고추장	15	
국간장	5	
쌀뜨물	1200	
물	200	

실습 10 당뇨식에 관한 문제 연구 및 식단 작성

날 짜	학 번	조	이 름	담당 교수	평 가

문제 연구

해영이는 올해 15세로 훌륭한 피아니스트가 되기를 원한다. 해영이는 신장 160cm에 체중은 50kg으로 비만이고, 당뇨병을 앓고 있다. 해영이는 피아노 연습을 매일 하였으며, 어느 날 선생님과 함께 피아노 연습을 하는 도중 기운이 없고, 속이 메슥거리는 것을 느껴 음식을 잘못 먹었나 보다 하고 심각하게 생각하지 않았다. 그런데 갑자기 정신이 몽롱해지며, 정신이 혼미해져 식별력이 없었고, 혼수상태에 빠졌다. 해영이는 땀을 많이 흘리고 있었고, 급히 구급차에 실려 병원으로 이송됐다.

병원에서는 해영이가 제1형 당뇨병에 의한 당뇨병성 혼수상태라고 하였다. 혈당검사 결과 해영이의 혈당은 500㎎/dL였다. 5% 덱스트로스와 레귤러 인슐린, 칼륨 그리고 인을 정맥으로 주입하였고, 조금 후에 해영이는 깨어났다. 그녀는 한동안 병원에 입원해야만 했다.

1. 다음의 증상이 나타난 생리를 설명하시오.

☞ 기운이 없다 :

☞ 속이 메슥거린다 :

☞ 혼수상태로 식별력이 없다 :

2. 당뇨병성 혼수의 병리와 치료요법을 설명하시오.

3. 제1형 당뇨병의 가능한 증상과 치료에 대해 설명하시오.

4. 식단 작성

1) 표준체중 산출

2) 1일 에너지 필요량 산출

3) 당질, 단백질 및 지질 양 산출

4) 1일 영양기준량

에너지(kcal)	당질(g)	단백질(g)	지질(g)	C : P : F

5) 1일 식품교환표

목표 : 에너지 (   )kcal, 당질 (   )g, 단백질 (   )g, 지질 (   )g

식품군		교환수	당질(g)	단백질(g)	지질(g)	에너지(kcal)
곡 류 군						
어육류군	저지방					
	중지방					
	고지방					
채 소 군						
지 방 군						
우유군	일반우유					
	저지방우유					
과 일 군						
계						

6) 끼니별 분배

끼니	곡류군	어육류군			채소군	지방군	우유군		과일군
		저지방	중지방	고지방			일반우유	저지방우유	
아침									
간식									
점심									
간식									
저녁									
간식									
계									

7) 1일 식단

끼니	음식명	재료명	식품교환수 (1교환량, g)	중량(g)	식품군
아침					
간식					
점심					
간식					
저녁					
간식					

5. 조별 실습(1끼)

1) 1끼 영양기준량

에너지(kcal)	당질(g)	단백질(g)	지질(g)	C : P : F

2) 1끼 식품구성표

식품군	곡류군	어육류군			채소군	지방군	우유군		과일군
		저지방	중지방	고지방			일반우유	저지방우유	
교환단위수									

3) 1끼 식단

끼니	음식명	재료명	식품교환수 (1교환량, g)	중량(g)	식품군

4) 만드는 방법

5) 고찰 및 평가

6. 점심에 뷔페식을 하는 경우

같은 환자가 점심을 먹으러 가족과 함께 뷔페식당에 갔다.

1) 앞서 작성한 식품교환표의 끼니별 배분 중 점심 식사에 배분된 식품군과 식품 교환단위수를 아래의 **표 1** 에 기입한다.
2) 기입한 교환단위수와 기호에 맞추어 뷔페식단에서 음식을 선택하여 **표 2** 를 완성한다.
3) 완성된 **표 2** 와 같이 적절히 선택한 점심 식사를 했을 때 제공되는 당질, 단백질, 지질의 양을 계산해 본다.

[표 1] **점심의 식품교환수**

식품군	곡류군	어육류군			채소군	지방군	우유군		과일군
		저지방	중지방	고지방			일반우유	저지방우유	
교환단위수									

당뇨뷔페식단(50인분)

구분	주식 (곡류군)	국	어육류	채소류	과일류	김치	우유
종류	보리밥 샌드위치 인절미	미역국 채소수프	두부조림 오징어무침 불고기 참치회	시금치나물 느타리버섯볶음 연근전 양상추샐러드와 소스	사과 파인애플 오렌지주스	배추김치 깍두기	아이스크림 우유

※ 식품군은 조리 시 주재료에 해당하는 식품만 고려한다.
예) 샌드위치 : 약간의 오이, 당근, 마요네즈가 포함되나 곡류군으로 간주한다.
오징어무침, 연근전에 포함되는 채소류는 고려하지 않는다.
※ 부식 조리 시 설탕은 사용하지 않는다.

식단	주재료	곡류군	어육류군		채소군	지방군	우유군		과일군
			저지방	중지방			일반우유	저지방우유	
보리밥	쌀, 보리	70							
샌드위치	식빵	35(1개)							
인절미	인절미	50(약3개)							
미역국	미역				6				
채소수프	채소				70				
두부조림	두부			80(2쪽)					
오징어무침	오징어		50						
불고기	쇠고기			40					
참치회	참치		50						
시금치무침	시금치				70				
느타리버섯볶음	느타리버섯				50				
연근전	연근				40				
양상추샐러드와 소스	양상추				70				
사과	사과								80(1/2개)
파인애플	파인애플								200
오렌지주스	오렌지주스								100(1/2컵)
배추김치	배추김치				50				
깍두기	깍두기				50				
저지방우유	저지방우유							200	
아이스크림	아이스크림						100		

[표 2]

구분 \ 식품군		곡류군		어육류군				채소군		지방군		어육류군				과일군	
				저지방		중지방						저지방		저지방			
음식명	주재료명	단위수	중량(g)	단위수	중량(g)	단위수	중량(g)	단위수	중량(g)	단위수	중량(g)	단위수	중량(g)	단위수	중량(g)	단위수	중량(g)
영양소섭취량		에너지 kcal, 당질 g, 단백질 g, 지질 g															

【대표음식의 조리법(50인분)】

(1) 연근전

<table>
<tr><th>재료</th><th>중량(g)</th><th>만드는 법</th></tr>
<tr><td>연근</td><td>4,000</td><td>① 연근과 실파를 잘게 다진다.</td></tr>
<tr><td>실파</td><td>25</td><td rowspan="2">② 다진 연근과 파를 넣은 그릇에 우유와 밀가루를 넣고 잘 섞는다.</td></tr>
<tr><td>우유</td><td>900</td></tr>
<tr><td>밀가루</td><td>900</td><td>③ 팬에 한 입 크기로 지져낸다.</td></tr>
<tr><td>소금</td><td>약간</td><td>④ 초간장과 함께 배식한다.</td></tr>
</table>

(2) 두부조림

<table>
<tr><th>재료</th><th>중량(g)</th><th>만드는 법</th></tr>
<tr><td>두부</td><td>5,000</td><td rowspan="8">① 두부를 썰어 식용유에 노릇노릇하게 구워낸다.
② 참깨, 참기름, 실고추, 파, 마늘, 간장을 섞어서 양념장을 만든다.
③ 두부에 양념장을 한 켜씩 뿌린 후 약한불에 조린다.</td></tr>
<tr><td>식용유</td><td>250</td></tr>
<tr><td>참깨</td><td>35</td></tr>
<tr><td>참기름</td><td>50</td></tr>
<tr><td>실고추</td><td>5</td></tr>
<tr><td>파</td><td>600</td></tr>
<tr><td>마늘</td><td>100</td></tr>
<tr><td>간장</td><td>500</td></tr>
</table>

(3) 미역국

<table>
<tr><th>재료</th><th>중량(g)</th><th>만드는 법</th></tr>
<tr><td>건미역</td><td>300</td><td rowspan="6">① 멸치국물을 준비한다.
② 미역은 물에 불려 깨끗이 씻은 후, 썰어 참기름을 넣고 볶다가 간장을 넣는다.
③ 멸치국물을 붓고 끓으면 마늘을 넣고 소금으로 간을 맞춘다.</td></tr>
<tr><td>국멸치</td><td>250</td></tr>
<tr><td>참기름</td><td>20</td></tr>
<tr><td>마늘</td><td>50</td></tr>
<tr><td>간장</td><td>100</td></tr>
<tr><td>소금</td><td>50</td></tr>
</table>

9 Chapter

신장질환

1. 신증후군식

1) 적용 대상

신증후군식 diet for nephrotic syndrome은 신증후군 환자에게 적용한다.

2) 목표

(1) 체단백의 이화작용을 예방하고 체내 단백질 손실을 보충한다.
(2) 단백질 영양불량을 방지한다.
(3) 부종 및 혈압을 조절한다.
(4) 고지혈증을 감소시킨다.

3) 식사원칙 및 유의사항

(1) 에너지는 체중 kg당 35kcal 정도로 충분히 공급한다.
(2) 단백질은 체중 kg당 0.8~1.0g으로 공급한다.
(3) 총지방량은 총에너지의 30% 이하로 조절하고 식물성 기름을 많이 사용한다.
(4) 포화지방산과 콜레스테롤은 제한한다.
(5) 부종 완화와 혈압 조절을 위해 나트륨을 1일 1,500~2,000mg으로 제한하고

부종이 심한 경우에는 수분의 섭취를 제한한다.

2. 신부전식

1) 적용 대상

신부전식 diet for renal failure은 신부전 환자에게 적용한다.

2) 목표

(1) 급성신부전의 경우, 신장 기능이 정상으로 회복될 때까지 체단백을 보유시킨다.

(2) 만성신부전의 경우, 신부전의 진행을 지연시키고 대사이상이나 요독증상을 완화시켜 상태를 개선하며, 최적의 영양상태를 유지하게 한다.

3) 식사원칙 및 유의사항

(1) 체내 단백질이 에너지원으로 쓰이는 것을 막기 위해 에너지는 정상체중 kg당 35kcal 이상을 당질과 지방에서 권장한다. 단백질을 1일 20g 이하로 제한하는 경우에는 식사만으로는 필요 에너지를 충족하기 어려우므로 식사 이외의 방법으로 신장에 부담을 주지 않는 사탕, 꿀, 식혜, 당면, 참기름, 식용유 등을 에너지보충원으로 이용한다.

(2) 요독증을 예방하기 위해 단백질의 섭취를 제한한다.

① 1일 섭취량은 신장 기능에 따라 결정되며 단백뇨가 있는 경우 1일 소변으로 배설되는 단백질량만큼을 추가로 섭취한다. 필수아미노산의 섭취를 위해 단백질의 최소한 1/2 이상은 생물가가 높은 단백질로 섭취한다.

② 단백질을 1일 40g 이하로 섭취하는 경우 칼슘, 엽산, 티아민(비타민 B_1), 리보플라빈(비타민 B_2), 피리독신(비타민 B_6) 등이 부족할 수 있으므로 보충이 필요하다.

(3) 부종이나 고혈압이 있는 경우, 1일 소금을 5g(Na 2,000mg) 이하로 제한한다.

(4) 소변량이 정상 이하로 줄어들면 칼륨 조절이 필요한데, 1일 칼륨은 60 mEq(2,400mg) 이하로 한다.

(5) 식사에서 단백질을 제한하면 자동적으로 인(p)도 제한되는데, 더욱 제한이 필요한 경우에는 1일 인의 섭취를 600mg 이하로 한다. 신장 기능의 악화로 인의 조절이 이루어지지 않아 뼈로부터 칼슘 손실이 초래되므로 인이 다량 함유된 식품을 제한한다.

(6) 부종 정도에 따라 수분을 제한한다.

표 9-1 에는 신장질환별 영양요구량이 나타나 있다.

[표 9-1] **신장질환별 영양요구량**

영양소	투석전 신부전	혈액투석	복막투석
에너지(kcal/kg 표준체중)	30~35	30~35	30~35*
단백질**(g/kg 표준체중*)	0.8 이하	1.2~1.4	1.3~1.5
인(mg/g 단백질)	10~12	12~15	12~15
칼륨(mg/일)	2,000 이하	1,500~2,000	3,000~4,000(고칼륨혈증 시 2,400~2,800)
나트륨(mg/일)	2,000 이하	2,000~3,000 이하	2,000~4,000
수 분(mL)	전날 소변량 + 500	전날 소변량 + 500~750	일반적으로 제한하지 않지만 부종이 있거나 혈압이 높은 경우에 제한함

* 투석을 통해 흡수되는 에너지 포함.
**전체 단백질 섭취량의 50% 이상을 생물가가 높은 단백질로 섭취.

4) 허용식품과 제한식품

허용 식품	제한 식품
백설탕, 물엿, 당면, 식초, 레몬즙, 생강, 지방류, 후춧가루, 향신료	땅콩, 호두, 잣, 땅콩버터, 콜라, 포테이토칩, 초콜릿, 코코아, 맥주, 흑설탕, 염분이 많은 조미료, 베이킹파우더, 베이킹소다, 샐러드드레싱, 인스턴트 식품 등

5) 알아두어야 할 정보

(1) 염분섭취를 줄이려면?

① 소금, 된장, 간장 등의 양을 반으로 줄여 사용한다.

② 식초, 레몬, 오렌지즙 등 신맛을 내는 소스와 겨자, 고추냉이, 후추 등 향신료를 이용한다.

③ 젓갈, 장아찌, 김치, 햄, 소시지, 베이컨, 라면 등의 식품을 피한다.

④ 국이나 찌개 대신 숭늉이나 보리차를 이용한다.

(2) 에너지를 보충하려면?

① 조리 시 설탕, 물엿을 넉넉히 사용한다.

② 간식으로 꿀, 젤리, 사탕을 자주 이용한다.

③ 당면, 녹말가루를 이용한 메뉴를 자주 선택한다.

④ 기름을 많이 사용하는 튀김, 전 등을 자주 선택한다.

⑤ 물 대신 청량음료(콜라 제외)를 충분히 섭취한다.

(3) 칼륨 섭취를 줄이려면?

① 재료 분량의 10배 이상의 물에 2시간 이상 담갔다가 헹군 후 조리한다.

② 채소를 끓는 물에 데친 후 여러 번 헹구어서 조리한다.

6) 신장질환을 위한 식품교환표

식품 1교환단위의 영양소 함량

식품군		단백질 (g)	나트륨 (mg)	칼륨 (mg)	인 (mg)	에너지 (kcal)
곡류군		2	2	30	30	100
어육류군		8	50	120	90	75
채소군 1 (칼륨 저함량)		1	미량	100	20	20
2 (칼륨 중등함량)				200		
3 (칼륨 고함량)				400		
지방군		0	0	0	0	45
우유군	일반우유	6	100	300	180	125
	저지방우유					
과일군 1 (칼륨 저함량)		미량	미량	100	20	50
2 (칼륨 중등함량)				200		
3 (칼륨 고함량)				400		
에너지보충군		0	3	20	5	100

(1) 곡류군

1교환단위의 영양소 함량	단백질(g)	나트륨(mg)	칼륨(mg)	인(mg)	에너지(kcal)
	2	2	30	30	100

식품명	가식부 무게(g)	목측량
쌀 밥	70	1/3공기
국 수(삶은 것)*	90	1/2공기
식 빵*	35	1쪽
백 미	30	3큰술
찹 쌀	30	3큰술
밀가루	30	5큰술
마카로니(건)	30	
가래떡	50	썬 것 11개
백설기	50	6×2×3cm³
인절미	50	3개
절편(흰떡)	50	2개
카스텔라	30	6.5×5×.4.5cm³
크래커	20	5개
콘플레이크	30	3/4컵
녹두묵	200	1/4모
메밀묵	200	1/4모
도토리묵	200	1/4모

* 이 식품들은 다른 식품에 비해 나트륨과 단백질이 많기 때문에, 이들을 제한해야 되는 경우에는 1일 1회 이하로 섭취하도록 주의한다.

【주의식품】

다음의 식품들은 칼륨이나 인이 많으므로, 이들을 제한해야 하는 경우에는 주의한다.

식품명	가식부 무게(g)	목측량	칼륨 주의 (60mg 이상)	인 주의 (60mg 이상)
감 자	140	중 1개	*	*
고구마	70	중 1//2개	*	
토 란	140	2컵	*	*
검정쌀	30	3큰술	*	*
보리쌀	30	3큰술	*	
현미쌀	30	3큰술	*	*
보리밥	70	1/3공기	*	
현미밥	70	1/3공기	*	*
녹 두	70	3큰술	*	*
율 무	30	3큰술	*	*
차수수	30	"	*	*
차 조	30	"	*	*
팥(붉은 것)	30	"	*	*
호 밀	30	"	*	
밤(생)	60	중 6개		*
은 행	60		*	*
메밀국수(건)	30		*	
메밀국수(삶)	90			*
시루떡	50		*	
보리미숫가루	30	5큰술		*
빵가루	30			*
오트밀	30	1/3컵	*	*
핫케이크가루	25			*
옥수수	70	1/2개	*	*
팝 콘(강냉이)	30		*	

(2) 어육류군

1교환단위의 영양소 함량	단백질(g)	나트륨(mg)	칼륨(mg)	인(mg)	에너지(kcal)
	8	50	120	90	75

식품명	가식부 무게(g)	목측량
〈고기류〉		
쇠고기	40	로스용 1장(12×10.3cm)
돼지고기	40	로스용 1장(12×10.3cm, 탁구공 크기)
닭고기	40	소 1토막(탁구공 크기)
개고기	40	소 1토막(탁구공 크기)
쇠간	40	1/4컵
쇠갈비	40	소 1토막
우 설	40	1/4컵
돼지족, 돼지머리, 삼겹살	40	썰어서 4쪽(3×3cm)
소 곱창	40	1/2컵
쇠꼬리	40	소 2토막
〈생선류 – 각종 생선류〉	50	소 1토막
〈건어물류 및 해산물〉		
뱅어포	15	1장
북 어	15	중 1/4토막
새 우	50	중하 3마리, 보리새우 10마리
문 어*	70	1/3컵
물오징어*	50	중 1/4마리(몸통)
꽃 게*	70	중 1/2마리
굴*	70	1/3컵
낙 지*	70	1/2컵
전 복	70	중 1마리
〈알류 및 콩류〉		
달 걀	55	대 1개
메추리알	40	5개
두 부	80	1/6모
순두부	200	1컵
연두부	150	1/2개

*염분이 많으므로 물에 담가 염분을 충분히 뺀 후 사용한다.

【주의식품】

다음의 식품들은 칼륨이나 나트륨이 많으므로 이들을 제한하는 경우에는 주의한다.

식품명	가식부 무게(g)	목측량	칼륨 주의 (220mg 이상)	나트륨 주의 (250mg 이상)
검정콩	20	2큰술	*	
노란콩	20	2큰술	*	
햄(로스)	40	1쪽(8×6×1cm)		*
런천미트	40	1쪽(5.5×4×2cm)		*
프랑크소시지	40	1.5개		*
생선 통조림	50	1/3컵		*
치 즈	30	2장		*
잔멸치(건)	15	1/4컵		*
건오징어	15	중 1/4마리(몸통)		*
조갯살	70	1/3컵		*
깐 홍합	70	1/3컵		*
어묵(튀긴 것)	50			*
베이컨	40	1 1/4장		*

(3) 채소군

① 채소군 1(칼륨 저함량)

1교환단위의 영양소 함량	단백질(g)	나트륨(mg)	칼륨(mg)	인(mg)	에너지(kcal)
	1	미량	100	20	20

식품명	가식부 무게(g)	목측량
달 래	70	생 1/2컵
당 근	70	생 1/2컵
김	2	1장
깻 잎	40	20장
풋고추	70	중 2~3개
생표고	50	중 5개
더 덕	40	중 2개
치커리	70	중 12잎
배 추	70	소 3~4장
양상추	70	중 3~4장
마늘종	40	익혀서 1/2컵
파	40	익혀서 1/2컵
팽이버섯	50	익혀서 1/2컵
냉 이	70	익혀서 1/2컵
무 청	70	익혀서 1/2컵
양 파	70	익혀서 1/2컵
양배추	70	익혀서 1/2컵
가 지	70	익혀서 1/2컵
고 비(삶)	70	익혀서 1/2컵
고사리(삶)	70	익혀서 1/2컵
무	70	익혀서 1/2컵
숙 주	70	익혀서 1/2컵
오 이	70	익혀서 1/2컵
죽순(통)	70	익혀서 1/2컵
콩나물	70	익혀서 1/2컵
피 망	70	익혀서 1/2컵

② 채소군 2(칼륨 중등함량)

1교환단위의 영양소 함량	단백질(g)	나트륨(mg)	칼륨(mg)	인(mg)	에너지(kcal)
	1	미량	200	20	20

식품명	가식부 무게(g)	목측량
무말랭이	70	불려서 1/2컵
두 릅	70	3개
상 추	70	중 10장
셀러리	70	6cm길이 6개
케 일	70	10cm길이 10장
도라지	40	익혀서 1/2컵
연 근	40	익혀서 1/2컵
우 엉	40	익혀서 1/2컵
풋마늘	70	익혀서 1/2컵
고구마순	70	익혀서 1/2컵
느타리*	50	익혀서 1/2컵
열 무	70	익혀서 1/2컵
애호박	70	익혀서 1/2컵
중국부추	70	익혀서 1/2컵

* 인이 많이 함유된 식품

● 칼륨이란?

칼륨이란 대부분의 식품에 들어 있는 무기질로 '포타슘 potassium'이라고도 불린다.

칼륨은 체내에서 근육과 신경의 정상적인 활동(특히 심장운동)에 관여하고 있다. 따라서 혈액 중의 칼륨양은 매우 중요하다. 만일 혈액 중의 칼륨양이 정상보다 많아지면 심장근육이 약해지고 박동이 느려져 결국 심장마비까지도 초래될 수 있다.

③ 채소군 3(칼륨 고함량)

1교환단위의 영양소 함량	단백질(g)	나트륨(mg)	칼륨(mg)	인(mg)	에너지(kcal)
	1	미량	400	20	20

식품명	가식부 무게(g)	목측량
양송이*	50	중 5개
고춧잎	70	익혀서 1/2컵
아 욱	70	익혀서 1/2컵
근 대	70	익혀서 1/2컵
머 위	70	익혀서 1/2컵
물미역	70	익혀서 1/2컵
미나리	70	익혀서 1/2컵
부 추	70	익혀서 1/2컵
쑥*	40	익혀서 1/2컵
쑥 갓	70	익혀서 1/2컵
시금치	70	익혀서 1/2컵
죽 순	70	익혀서 1/2컵
취	70	익혀서 1/2컵
당호박	40	익혀서 1/2컵
늙은 호박*	70	익혀서 1/2컵

* 인이 많이 함유된 식품

● 칼륨을 줄이는 조리법

칼륨은 수용성 물질이므로 물에 오랫동안 담가두거나 데쳐내면 약간은 줄일 수 있다. 칼륨을 효과적으로 줄이려면, ① 껍질이 있는 재료는 껍질을 제거하고, ② 재료의 크기는 되도록 잘게 썰어 물에 담가두도록 하며, ③ 데치거나 삶을 때는 물을 되도록 많게(최소한 재료의 4~5배 정도) 하여 데치거나 삶은 뒤 헹구도록 한다. 그러나 칼륨은 짠맛으로 확인할 수 있는 나트륨과는 달리 맛으로는 확인할 수 없기 때문에, 가장 안전한 방법은 칼륨 함량이 적은 식품을 선택하는 것이다.

(4) 지방군

1교환단위의 영양소 함량	단백질(g)	나트륨(mg)	칼륨(mg)	인(mg)	에너지(kcal)
	0	0	0	0	45

식품명	가식부 무게(g)	목측량
들기름	5	1작은술
미강유	5	1작은술
옥수수기름	5	1작은술
유채기름	5	1작은술
콩기름	5	1작은술
참기름	5	1작은술
카놀라유	5	1작은술
쇼트닝	5	1.5작은술
마가린	5	1.5작은술
버 터	5	1.5작은술
마요네즈	5	1.5작은술

【주의식품】

다음의 식품들은 단백질, 인, 칼륨이 많으므로 주의해야 한다.

식품명	가식부 무게(g)	목측량
땅 콩	8	10개(1큰술)
아몬드	8	7개
잣	8	1큰술
참 깨	8	1큰술
피스타치오	8	10개
해바라기씨	8	1큰술
호 두	8	대 1개 또는 중 1.5개

(5) 우유군

1교환단위의 영양소 함량	단백질(g)	나트륨(mg)	칼륨(mg)	인(mg)	에너지(kcal)
	6	100	300	180	125(80: 저지방우유)

식품명	가식부 무게(g)	목측량
요구르트(액상)*	150	$\frac{1}{2}$컵(100g 포장단위 3개)
요구르트(호상)*	110	1컵(100g 포장단위 2개)
우 유	200	1컵
락토우유	200	1컵
저지방우유(2%)	200	1컵
두 유	200	1컵
연유(가당)*	60	1/2컵
조제분유	25	5큰술
아이스크림**	100	1컵

1컵 = 200cc

● 인(phosphorus)이란?

인은 칼슘과 함께 체내의 뼈를 구성하는 주요한 무기질이며, 일부는 혈액 중에 존재하면서 신경과 근육운동을 돕는다. 혈액 중의 칼슘과 인은 마치 시소처럼 한쪽이 올라가면 다른 쪽은 낮아지면서 균형을 맞추려 한다.

신장의 기능이 떨어진 경우 혈액 중의 인이 올라가면 칼슘이 낮아지고, 낮아진 혈중의 칼슘 수치를 회복하려고 뼈에서 칼슘이 빠져나오게 된다. 따라서 혈중의 인을 정상적으로 유지하지 못하면 뼈가 약해져 쉽게 골절이 생길 수 있다.

(6) 과일군

① 과일군 1(칼륨 저함량)

1교환단위의 영양소 함량	단백질(g)	나트륨(mg)	칼륨(mg)	인(mg)	에너지(kcal)
	미량	미량	100	20	50

식품명	가식부 무게(g)	목측량
귤(통)*	70	18알
금 귤	60	7개
단 감	50	중 1/2개
연 시	80	소 1개
레 몬	80	중 1개
사 과	80	중 1/2개
사과주스	100	1/2컵
자 두	150	대 1개
파인애플	200	중 1쪽
파인애플(통)*	70	대 1쪽
포 도	80	19개
깐 포도(통)*	60	
프루트칵테일(통)*	60	

* 과일통조림은 시럽을 제외해야 한다.

● 나트륨(natrium)이란?

나트륨은 체내의 혈액량을 조절하는 주요한 무기질로, 소디움 sodium이라고도 한다. 나트륨이 포함된 대표적인 식품으로는 염화나트륨 NaCl, 즉 소금이 있다.

나트륨이란 성분은 체내에서 스펀지와 같이 물을 빨아들여 혈액량을 증가시키는 경향이 있는데, 혈액량이 증가되면 신장에서는 즉시 많아진 나트륨과 수분을 소변을 통해 몸 밖으로 배출하게 된다. 하지만 신장이 나빠지면 이러한 기능이 떨어져 증가된 혈액으로 인해 혈압이 올라가고 부종이 생긴다.

② 과일군 2(칼륨 중등함량)

1교환단위의 영양소 함량	단백질(g)	나트륨(mg)	칼륨(mg)	인(mg)	에너지(kcal)
	미량	미량	200	20	50

식품명	가식부 무게(g)	목측량
귤	120	중 1개
다 래	80	
대추(건)	15	8개
대추(생)	50	8개
배	110	대 1/4개
딸 기	150	10개
백 도	150	중 1/2개
황 도	150	중 1/2개
살 구	150	3개
수 박	150	1쪽
오렌지	100	중 1개
오렌지주스	100	1/2컵
자 몽	150	중 1/2개
파파야	200	
포도(거봉)	80	11개

③ 과일군 3(칼륨 고함량)

1교환단위의 영양소 함량	단백질(g)	나트륨(mg)	칼륨(mg)	인(mg)	에너지(kcal)
	미량	미량	400	20	50

식품명	가식부 무게(g)	목측량
곶감	15	중 1개
멜론(머스크)	120	1/8개
바나나	50	중 1개
앵 두	150	
참 외	150	소 1/2개
천도복숭아	150	소 2개
키 위	80	대 1개
토마토	350	대 1개
방울토마토	300	중 20개

(7) 에너지보충군

1교환단위의 영양소 함량	단백질(g)	나트륨(mg)	칼륨(mg)	인(mg)	에너지(kcal)
	0	3	20	5	100

식품명	가식부 무게(g)
과 당	25
꿀	30
녹말가루	30
당 면	30
마멀레이드	40
사 탕	25
설 탕	25
양 갱	35
엿	30
물 엿	30
젤 리	30
잼	35
캐러멜	25
칼로리-S	25

【주의식품】

다음의 식품들은 에너지는 많으나 칼륨, 인 함량이 많으므로 주의해야 한다.

식품명	가식부 무게(g)
초콜릿	20
흑설탕	25
황설탕	25
로얄젤리	80

7) 1일 영양기준량

에너지 (kcal)	곡류군	어육류군	채소군			지방군	우유군		과일군			에너지 보충군
			1	2	3		일반우유	저지방우유	1	2	3	
1,500	7	2	3	1		3	0.5		1			2
1,600	8	2	3	1		6	0.5		1			2
1,700	9	2	3	1		6	0.5		1			2
1,800	9	2	3	1		7	0.5		2			2
1,900	10	2	3	1		7	0.5		2			2
2,000	10	2	3	1		7	0.5		2			2

8) 환자식

【사례】
52세 남성, 만성신부전 초기 환자임
신장 165cm, 체중 63kg
회사원이며 중등 활동을 함

(1) 1단계 : 표준체중 구하기

표준체중 구하기 : $1.65m \times 1.65m \times 22 = 60kg$

(2) 2단계 : 비만도 판정하기

표준체중비 구하기 : $63kg \div 60kg \times 100 = 105\%$(정상체중 범위임)

(3) 3단계 : 영양기준량 구하기

에너지 : $60kg \times 30kcal/kg = 1,800kcal$

당　질 : $1,800kcal \times 0.67 = 1,208kcal$,　$1,208kcal \div 4kcal/g = 302g$

단백질 : $60kg \times 0.67g/kg = 40g$,　$40g \times 4kcal/g = 160kcal$

지　질 : $1,800kcal - (1,208 + 160)kcal = 432kcal$,　$432kcal \div 9kcal/g = 48g$

(4) 1일 영양기준량

에너지(kcal)	당질(g)	단백질(g)	지질(g)	나트륨(mg)	칼륨(mg)	C:P:F
1,800	302	40	48	2,000	1,200	67:9:24

(5) 1일 식품 구성의 예

식품군	곡류군	어육류군	채소군		지방군	우유군		과일군		에너지 보충군
			1	2		일반우유	저지방우유	1	2	
교환단위수	9	2	3	1	7	0.5		2		2

(6) 끼니별 배분의 예

끼니	곡류군	어육류군	채소군		지방군	우유군		과일군	에너지 보충군
			1	2		일반우유	저지방우유		
아침	2	0.5	1		2				
간식						0.5			
점심	3	1	1.5		2.5			1	
간식									1
저녁	3	0.5	0.5	1	2.5			1	
간식	1								1
계	9	2	3	1	7	0.5		2	2

(7) 식단 작성의 예

끼니	음식명	재료명	식품교환수 (1교환량, g)	중량(g)	식품군
아침	쌀밥	쌀	2(30)	60	곡류군
	냉이된장국	냉이	0.5(70)	35	채소군 1
	표고볶음	생표고	0.5(50)	25	채소군 1
		식용유	1(5)	5	지방군
	두부구이	두부	0.5(80)	40	어육류군
		식용유	1(5)	5	지방군
간식	우유	우유	1(200)	200	우유군
점심	쌀밥	쌀	3(30)	90	곡류군
	배추장국	배추	0.5(70)	35	채소군 1
	갈치구이	갈치	1(50)	50	어육류군
		식용유	1.5(5)	7.5	지방군
	오이나물	오이	1(70)	70	채소군 1
		식용유	1(5)	5	지방군
	사과	사과	1(80)	80	과일군 1
간식	양갱	양갱	1(35)	35	에너지보충군
저녁	쌀밥	쌀	3(30)	90	곡류군
	콩나물국	콩나물	0.5(70)	35	채소군 1
	연근튀김	연근	1(40)	40	채소군 2
		식용유	2(5)	10	지방군
	닭고기볶음	닭고기살	0.5(40)	20	어육류군
		식용유	0.5(5)	2.5	지방군
	단감	단감	1(50)	50	과일군 1
간식	토스트	식빵	1(35)	35	곡류군
		딸기잼	1(35)	35	에너지보충군

9) 대표음식의 조리법(4인 분량 기준)

(1) 두부구이

재료	중량(g)	만드는 법
두부	160	① 두부는 도톰하게 썬 후 소금으로 밑간을 한다. ② 팬에 기름을 두르고 두부를 노릇노릇하게 지져낸다. ③ 간장에 다진 파, 다진 마늘로 양념을 하여 두부 위에 끼얹는다.
소금	0.4	
간장	3	
다진 마늘	1	
다진 파	4	
식용유	5	

(2) 오이나물

재료	중량(g)	만드는 법
오이	280	① 오이는 둥글게 썰어 소금을 뿌려 절인다. ② 절인 오이는 물기를 꼭 짠 후 팬에 식용유를 두르고 단시간에 볶아낸다.
소금	약간	
식용유	20	

(3) 연근튀김

재료	중량(g)	만드는 법
연근	200	① 연근은 껍질을 벗긴 후 적당한 두께로 둥글게 썰어 식초물에 약 10분 정도 담가 둔다.
식초물	약간	② 찬물에 연근을 씻어 건진 후 물기를 닦아둔다.
식용유	40	③ 팬에 기름을 부어 160℃ 정도로 온도가 높아지면 물기를 닦아놓은 연근을 2번 정도 튀겨낸다.

실습 11

신장질환에 관한 문제 연구 및 식단 작성

날 짜	학 번	조	이 름	담당 교수	평 가

문제 연구

남 씨는 올해 53세 부인으로 신장은 155cm, 체중 65kg이며 혈압이 높고 부종도 나타났다. 병원을 방문하여 몇 달 동안 영양상담을 받아왔으며, 이뇨제와 혈압 조절을 위한 약을 처방받아, 그 결과 체중이 3kg쯤 감량되었고 부종 및 혈압이 호전되었다. 이뇨제를 복용하는 동안에는 화장실을 자주 가게 되어 부종이 사라졌지만, 자다가 다리에 경련이 발생하여 잠에서 깨기도 하였다. 시간이 흐를수록 처방식이에 소홀하게 되었고, 약을 복용하는 것을 잊어버리기도 하였다. 부종이 발생되면 그녀는 이뇨제를 복용하였고 부종이 사라지면 중단하였으며, 의사와의 상담 전날에는 약을 복용하여 호전이 된 상태로 의사의 진찰을 받으므로 정확한 진단을 받기가 어려웠다. 그녀가 약물 복용을 오랫동안 중단한 후 다시 부종이 시작되어 이뇨제를 복용하였으나 부종은 사라지지 않았고 좌측 하단 옆구리에 통증이 점점 심하게 나타났다. 그녀는 짜고 기름진 음식을 좋아하기 때문에 다시 체중이 68kg으로 증가되었고, 어느 날 너무 피곤함을 느껴 혈압을 체크한 결과 혈압이 179/100 mmHg이었다.

1. 남 씨의 병태생리에 맞는 식사처방을 하시오.

2. 경련은 왜 일어났을까요?

3. 심장질환, 고혈압 및 신장질환과의 관계를 설명하시오.

4. 식단 작성

1) 표준체중 산출

2) 1일 에너지 필요량 산출

3) 당질, 단백질 및 지질 양 산출

4) 1일 영양기준량

에너지(kcal)	당질(g)	단백질(g)	지질(g)	나트륨(mg)	칼륨(mg)	인(mg)

5) 1일 식품구성표

목표 : 에너지(　　　)kcal, 단백질(　　　)g, 나트륨(　　　)mg, 칼륨(　　　)mg, 인(　　　)mg

식품군		교환수	단백질(g)	나트륨(mg)	칼륨(mg)	인(mg)	에너지(kcal)
곡 류 군							
채소군	1						
	2						
	3						
어육류군							
지 방 군							
우 유 군							
과일군	1						
	2						
	3						
에너지보충군							
계							

6) 끼니별 분배

끼니	곡류군	채소군			어육류군	지방군	우유군		과일군			에너지 보충군
		1	2	3			일반우유	저지방우유	1	2	3	
아침												
간식												
점심												
간식												
저녁												
간식												
계												

7) 1일 식단

끼니	음식명	재료명	식품교환수 (1교환량, g)	중량(g)	식품군
아침					
간식					
점심					
간식					
저녁					
간식					

5. 조별 실습(1끼)

1) 1끼 영양기준량

에너지(kcal)	당질(g)	단백질(g)	지질(g)	나트륨(mg)	칼륨(mg)	인(mg)

2) 1끼 식품구성표

식품군	곡류군	어육류군	채소군			지방군	우유군		과일군			에너지 보충군
			1	2	3		일반우유	저지방우유	1	2	3	
교환단위수												

3) 식단

끼니	음식명	재료명	식품교환수 (1교환량, g)	중량(g)	식품군

4) 만드는 방법

5) 고찰 및 평가

식사요법실습

10 Chapter

통 풍

1. 통풍식

1) 적용 대상

통풍식 gout diet은 특히 육류와 술을 즐기며 비만이고 스트레스를 자주 받으며 유전적 요인이 있는 40세 이후의 남성과 갱년기 이후의 여성으로, 고요산혈증 환자를 대상으로 한다

2) 목표

통풍 환자의 표준체중을 유지시키고, 퓨린이 많이 함유된 식사를 제한함으로써 요산결석의 생성을 방지한다.

3) 식사원칙 및 유의사항

(1) 요산의 축적으로 산성 상태를 알칼리화해야 하므로 채소나 과일 위주의 식단을 구성한다.

(2) 거의 모든 식품이 핵단백질을 함유하므로 퓨린을 완전히 제거하기는 어렵다. 그러므로 단백질을 체중 kg당 1g 이하로 섭취해야 한다

(3) 더욱 효과적인 방법은 저퓨린식을 공급하는 것이다.

(4) 퓨린이 많은 육류나 생선 대신 두부, 달걀, 우유, 치즈의 단백질 공급이 필요하다.

(5) 과당이 함유된 꿀과 설탕은 피하고, 곡류와 감자류 같은 복합 다당류 형태로 섭취하도록 한다.

(6) 요산 배설과 요를 희석시키기 위해 충분한 수분 섭취가 좋으므로 수프, 죽, 차 종류를 자주 먹도록 한다.

(7) 지방량을 줄이기 위해 조리를 할 때는 삶아서 지방을 제거한 후에 먹는 것이 좋다.

(8) 알코올은 체내 요산 배설을 억제하므로 술은 마시지 않도록 한다.

(9) 염분량은 하루 10g 이하로 하여 성인병 예방식사를 한다.

4) 퓨린 함량에 따른 제한식품과 허용식품

Ⅰ	Ⅱ	Ⅲ	Ⅳ
100당 0~15㎎ 함유식품	100g당 75㎎ 이하 함유식품	100g당 75~150㎎ 함유식품	100g당 150~1000㎎ 함유식품
달걀, 치즈, 우유 탄산수, 커피, 버터, 과일주스, 과일류, 빵, 곡류(오트밀, 현곡 제외) 채소류(2군 제외)	닭고기, 햄, 소시지, 전갱이, 게, 장어, 농어, 굴, 넙치, 가자미, 새우, 버섯, 콩류(대두, 강남콩), 아스파라거스, 시금치, 오이, 양파	베이컨, 구운 닭고기, 쇠고기, 오리고기, 고기수프, 연어, 송어, 고등어, 대구, 완두콩, 콩나물	내장 부위(심장, 간, 뇌, 지라, 신장, 혀), 송아지고기, 육즙, 거위, 생선류(정어리, 청어, 멸치, 가리비, 조개)
*제한 없이 섭취할 수 있음	*회복 정도에 따라 소량 섭취할 수 있음	*주1~2회 섭취 가능	*급성기인 경우, 증세가 심할 때 섭취할 수 없다.

5) 환자식

【사례】
55세 남성, 통풍 환자임
신장 170cm, 체중 78kg
회사원이며 중등 활동을 함

(1) 1단계 : 표준체중 구하기

표준체중 구하기 : 1.70m × 1.70m × 22 = 64kg

(2) 2단계 : 비만도 판정하기

표준체중비 구하기: 78kg ÷ 64kg ≒122% (20% 이상이므로 비만 범위임)

(3) 3단계 : 영양기준량 구하기

에너지 : 64kg × 30kcal = 1,900kcal

> 당질, 단백질, 지질의 에너지 비율 배분
> 20세 이상 성인의 에너지 적정비율 C:P:F를 '55~70% : 7~20% : 15~25%' 로 하는데, 퓨린 함량을 줄이기 위해 당질 비율 증가

당　질 : 1,900kcal × 0.73 = 1,387kcal,　1,387kcal ÷ 4kcal/g = 346g

단백질 : 1,900kcal × 0.15 = 285kcal,　285kcal ÷ 4kcal/g = 72g

지　질 : 1,900kcal × 0.12 = 228kcal,　228kcal ÷ 9kcal/g = 25g

퓨린양 : 150mg

(4) 1일 영양기준량

에너지(kcal)	당질(g)	단백질(g)	지질(g)	퓨린(mg)	C:P:F
1,900	346	72	25	150	73:15:12

(5) 1일 식품교환 구성의 예

식품군	곡류군	어육류군		채소군	지방군	우유군		과일군
		저지방	중지방			일반우유	저지방우유	
교환단위수	11	3	1	7	3	1		3

(6) 끼니별 배분의 예

끼니	곡류군	어육류군			채소군	지방군	우유군		과일군
		저지방	중지방	고지방			일반우유	저지방우유	
아침	3		1		2.5	1			
간식							1		1
점심	4.2	1.5		1.5	1				
간식									1
저녁	3.8	1.5			2.5	1			
간식									1
계	11	3	1		7	3	1		3

(7) 식단의 예

끼니	음식명	재료명	교환수 (1교환량, g)	중량(g)	식품군
아침	흰밥	쌀	3(30)	90	곡류군
	무채국	무	1(70)	70	채소군
		참기름	0.2(5)	1	지방군
	달걀찜	달걀	1(55)	55	어육류군(중)
	근대나물	근대	1(70)	70	채소군
		참기름	0.4(5)	2	지방군
	오이나물	오이	0.5(70)	35	채소군
		참기름	0.4(5)	2	지방군
간식	우유	우유	1(200)	200	우유군
	사과	사과	1(80)	80	과일군
점심	흰밥	쌀	4(30)	120	곡류군
	굴뭇국	무	0.5(70)	35	채소군
		굴	0.5(70)	35	어육류군(저)
	닭조림	닭고기	1(40)	40	어육류군(저)
	애호박볶음	애호박	1(70)	70	채소군
		참기름	0.5(5)	3	지방군
	청포묵무침	청포묵	0.2(200)	40	곡류군
		참기름	0.5(5)	2.5	지방군
간식	방울토마토	방울토마토	1(300)	300	과일군

끼니	음식명	재료명	교환수	중량(g)	식품군
저녁	흰밥	쌀	3.5(30)	105	곡류군
	미역국	건미역	0.5(6)	3	채소군
	새우채소볶음	생새우	1.5(50)	75	어육류군(저)
		피망	0.25(70)	17	채소군
		양파	0.25(70)	17	채소군
	감자조림	감자	0.5(140)	70	곡류군
		식용유	0.4(5)	2	지방군
	상추겉절이	상추	0.5(70)	35	채소군
		참기름	0.3(5)	1.5	지방군
	콩나물무침	콩나물	1(70)	70	채소군
		참기름	0.3(5)	1.5	지방군
간식	귤	귤	1(120)	120	과일군

11 Chapter

식사요법실습

골다공증

1. 고칼슘식

1) 적용 대상

고칼슘식 high calcium diet은 노인, 폐경후 여성, 체중부하의 운동부족 환자, 흡연자, 스테로이드 약제 장기복용자 및 식습관으로는 평소 저칼슘식을 섭취하는 사람과 비타민 D 섭취가 결핍된 자를 주 대상으로 한다

2) 목표

충분한 칼슘을 섭취하도록 하여 골손실을 예방하여 골절되는 것을 방지한다

3) 식사원칙 및 유의사항

(1) 골격구성에 필요한 충분량의 칼슘을 섭취한다.
정상인 칼슘 섭취량 : 1일 700mg~800mg
폐경기 여성, 골다공증 환자, 노인의 칼슘 섭취량 : 1,200~1,500mg
우유및 유제품(요구르트, 치즈), 멸치 · 뱅어포 같은 뼈째 먹는 생선, 해조류, 두류

(2) 칼슘의 체내 이용을 증진시키는 식사를 한다.
비타민 D를 충분히 섭취한다(동물의 간, 버터, 난황, 표고버섯 등)

(3) 골다공증은 여러 가지 영양소의 과부족이 원인이므로 적정량의 단백질, 인, 미량의 무기질, 비타민을 함유한 균형식을 섭취한다.

(4) 고섬유소식, 고지방식은 제한한다

① 섬유소는 칼슘 흡수율을 저해하여 대변으로 칼슘 배설을 촉진시킨다.

② 과일의 지방은 장관 내에서 칼슘과 결합해 배설되므로, 지방을 많이 이용하는 것은 피한다.

(5) 카페인이 많이 함유된 커피, 탄산음료, 알코올을 제한하고 흡연을 금한다

4) 환자식

【사례】
60세 여성, 골다공증 환자임
신장 163cm, 체중 60kg
주부이며 중등 활동을 함

(1) 1단계 : 표준체중 구하기

표준체중 구하기: 1.63m × 1.63m × 21 = 57kg

(2) 2단계 : 비만도 판정하기

표준체중비 구하기: 60kg ÷ 57kg = 105%(정상체중 범위임)

(3) 3단계 : 영양기준량 구하기

에너지 : 57kg × 35kcal /kg ≒ 2,000kcal

당　질 : 2,000kcal × 0.6 = 1,200kcal, 1,200kcal ÷ 4kcal/g = 300g

단백질 : 2,000kcal × 0.2 = 400kcal, 400kcal ÷ 4kcal/g = 100g

지　질 : 2,000kcal × 0.2 = 400kcal, 400kcal ÷ 9kcal/g = 44g

칼슘양 : 1,200 ~ 1,500mg

(4) 1일 영양기준량

에너지(kcal)	당질(g)	단백질(g)	지질(g)	칼슘(mg)	C:P:F
2,000	300	100	44	1,500	60:20:20

(5) 1일 식품교환 구성의 예

식품군	곡류군	어육류군			채소군	지방군	우유군		과일군
		저지방	중지방	고지방			일반우유	저지방우유	
교환단위수	10	2	2	1	7	4	2		2

(6) 끼니별 배분의 예

끼니	곡류군	어육류군			채소군	지방군	우유군		과일군
		저지방	중지방	고지방			일반우유	저지방우유	
아침	3		0.5	1	1	1.5	1.1		
간식									1
점심	3	1	1		3.0	0.6			
간식	1						0.9		
저녁	3	1	0.5		3.0	1.9			
간식									1
계	10	2	2	1	7	4	2		2

(7) 식단의 예

끼니	음식명	재료명	식품교환수 (1교환량, g)	중량(g)	식품군	칼슘양 (mg)
아침	치즈샌드위치	식빵	2(35)	70	곡류군	56
		치즈	1(30)	30	어육류군(고)	183
		양상추	0.5(70)	35	채소군	
		오이	0.5(70)	35	채소군	
		햄	0.5(40)	20	어육류군(중)	1.5
		버터	1(5)	5	지방군	10
	매시드포테이토	감자	1(140)	140	곡류군	
		우유	0.1(200)	20	우유군	10
		버터	0.5(5)	2.5	지방군	
	우유	우유	1(200)	200	우유군	200
간식	방울토마토	방울토마토	1(300)	300	과일군	
점심	콩밥	백미	3(30)	90	곡류군	12.9
		검정콩	0.3(20)	6	어육류군(중)	12.7
	순두부찌개	순두부	0.7(200)	140	어육류군(중)	168
		배추김치	0.3(50)	15	채소군	3.2
		양파	0.2(70)	14	채소군	
		돼지고기	0.5(40)	35	어육류군(저)	
	고춧잎나물	고춧잎	1(70)	70	채소군	254
		참기름	0.6(5)	3	지방군	
	오징어초무침	오징어	0.5(50)	25	어육류군(저)	
		무	0.3(70)	20	채소군	12.8
		오이	0.2(70)	14	채소군	
	깍두기	깍두기	1(50)	50	채소군	18.5
간식	찐 고구마	고구마	1(70)	70	곡류군	11.2
	우유	우유	0.9(200)	180	우유군	180

끼니	음식명	재료명	식품교환수 (1교환량, g)	중량(g)	식품군	칼슘양 (mg)
저녁	현미밥	현미	1(30)	30	곡류군	5
		백미	2(30)	60	곡류군	8.4
	쇠고기 미역국	쇠고기	0.5(40)	20	어육류군(중)	2.2
		건미역	0.7(6)	4	채소군	37
	멸치볶음	멸치	1(15)	15	어육류군(저)	193
		꽈리고추	0.2(70)	14	채소군	
		식용유	0.7(5)	3.5	지방군	
	콩나물무침	콩나물	1(70)	70	채소군	
		들기름	0.6(5)	3	지방군	35
	깻잎찜	깻잎	0.5(40)	20	채소군	
		홍고추	0.1(70)	7	채소군	75
		참기름	0.6(5)	3	지방군	
	배추김치	배추김치	0.5(50)	25	채소군	5.3
간식	귤	귤	1(120)	120	과일군	

식사요법실습

12 Chapter

간 질

1. 간질 환자를 위한 케톤식

1) 적용 대상

간질은 10세 이전에 50% 정도 나타나며, 그 이후 감소하다가 50세 이후에 다시 증가한다. 케톤식 ketogenic diet은 의식 및 기억장애, 근육 경련, 행동 이상 등이 나타나는 간질 환자를 대상으로 한다.

2) 목표

(1) 항경련제의 복용으로 인한 칼슘 흡수 장애가 오지 않도록 한다.

(2) 고지질, 저당질 식사를 제공하여 체내에 케톤상태가 유지되게 함으로써 경련 발생을 억제한다.

(3) 최소한의 약물만 사용하게 하고 균형잡힌 식사를 공급함으로써 증세를 완화시킨다.

3) 식사원칙 및 유의사항

(1) 1일 필요에너지는 연령별 에너지 필요량의 75% 정도로 한다.

(2) 섭취하는 음식물 중 단백질과 탄수화물 섭취량을 줄이고, 지질을 증가시켜

케톤체를 발생하게 한다.

(3) 동물성 단백질식품 특히 내장류를 식단에서 제한하고 알칼리식품을 식단에 포함한다.

(4) 일반적으로 식사의 케톤성 ketogenic과 항케톤성 antiketogenic의 비는 4 : 1 정도가 되게 하며 15개월 이하 영아는 3~3.3 : 1, 고도비만 청소년은 3 : 1이 되도록 한다.

4) 영양소 구성

(1) 총에너지는 어린이의 체중, 식욕 및 성장률에 따라 조정하고 단위체중당 에너지 필요량은 표 14-1에 의해 산출한다. 시작 첫째 날은 필요한 에너지의 1/3, 둘째 날은 2/3, 셋째 날은 3/3 전부를 공급한다.

[표 14-1] **연령별 에너지 필요량**

연 령(세)	에너지(kcal/kg)	연 령(세)	에너지(kcal/kg)
1~3	100~80	3~5	80~60
5~10	75~55	10~15	55~40

(2) 단백질은 어린이의 체중 kg당 1~1.2g을 공급한다.

(3) 수분은 65ml/kg 정도로 공급하며, 1일 2,000ml 이하로 공급한다.

(4) 케톤산증이 유발되는 기간은 4일 정도로 조정한다.

표 14-2에는 케톤성 : 항케톤성=4 : 1의 영양소 구성의 예가 제시되어 있다.

[표 14-2] **1일 영양소 구성**

(케톤성 : 항케톤성=4 : 1)

	에너지(kcal)	당질(g)	단백질(g)	지질(g)	수분(mL)
첫째 날	400	4	6	40	1,080
둘째 날	800	8	12	80	1,080
셋째 날	1,200	12	12	s120	1,080
넷째 날	1,600	16	24	160	1,080

표 14-3에는 영양소 구성에 따른 1일 식품구성의 예가 제시되어 있다.

[표 14-3] 1일 식품구성의 예

	곡류군	어육류군	채소군	지방군	휘핑크림	과일군
첫째 날	–	0.6	0.5	5.9	0.7	0.2
둘째 날	–	1.2	1.0	12.3	1.3	0.4
셋째 날	–	1.8	1.4	17.8	2.1	0.6
넷째 날	–	2.4	2.0	24.3	2.8	0.8

(케톤식 식품교환표 이용)

5) 케톤식 식품교환표의 영양가

식품군	식품교환수	단백질(g)	지질(g)	당질(g)	에너지(kcal)
곡류군	1	2	1	15	77
어육류군	1	7	5	–	73
채소군 1	1	1	–	3	16
채소군 2	1	1	–	3	16
과일군	1	–	–	6	24
지방군	1	–	4	–	36
휘핑크림	1	2	19	2	187

자료 : 세브란스병원 제5판 식사처방지침, 2003

6) 케톤식 식품교환표 1교환단위의 양

식품군	내 용	무 게(g)
곡류군	식빵	25
	토스트, 가염 크래커	20
	감자	100
어육류군	베이컨(지방 2교환단위 제외), 쇠고기, 돼지고기, 송아지고기, 양고기, 간(지방 1교환단위 추가, 1군채소50g 제외) 프랑크소시지나 비엔나소시지(육류만으로 된 것)	30 30 50
	닭고기, 오리고기, 거위고기, 칠면조고기	30
	연어, 참치통조림, 새우(지방 1단위 추가), 정어리 대합(지방 1단위 추가, 1군 채소 1단위 제외) 가재(지방 1단위 추가) 굴(지방 1단위 추가, 1군 채소 1단위 제외)	30 35 50 40 70
	달걀	50
	아메리칸, 체다, 스위스 및 프랑스 치즈, 탈지우유로 만든 치즈, 크림(지방 1단위 추가, 1군 채소 50g 제외)	30 50
채소군 1	가지, 갓, 고추, 근대, 꽃상추, 냉이, 브로콜리, 순무, 순무싹, 셀러리, 숙주, 양배추, 양상추, 시금치, 아스파라거스, 완두콩, 컬리플라워, 양송이, 토마토, 토마토주스, 오이, 호박(여름), 물냉이	100
채소군 2	단호박, 당근, 부추, 양파, 케일, 호박(겨울)	50
과일군	귤 – 생것 전체, 주스, 잘게 부순 것	50, 60, 50
	딸기 – 생것, 레몬 – 주스	75
	멜론 – 칸타로프, 허니듀, 수박	100, 100, 100
	바나나 – 생것	30
	배 – 생것, 말린 것, 통조림	40, 10, 60
	복숭아 – 생것, 말린 것, 통조림, 천도복숭아 – 생것	60, 10, 60, 40
	사과 – 생것, 주스, 소스	40, 60, 60
	살구 – 생것, 말린 것, 통조림, 넥타	60. 10, 60, 40
	오렌지 – 생것, 주스, 잘게 부순 것	50, 60, 50
	자몽 – 생것, 주스, 넥타, 통조림	60, 60, 40, 75
	체리 – 생것, 통조림	40, 60
	파인애플 – 생것, 주스, 통조림	40, 40, 60
	포도 – 생것, 병주스, 통조림	40, 30, 40
	혼합과일 – 과일칵테일	60
지방군	마가린, 버터, 베이컨, 마요네즈, 샐러드기름, 조리용기름, 아몬드, 호두	5
휘핑크림	휘핑크림(유지방 32% 이상)	60

자료 : 세브란스병원 제5판 식사처방지침, 2003

7) 환자식

> 【사례】
> 6세 어린이, 간질 증세를 보임
> 신장 115cm, 체중 21kg
> 유아원에 다니며 활동적임

(1) 1단계 : 표준체중 구하기

표준체중 구하기 : 신장 115cm인 남아의 표준체중은 21kg임

(2) 2단계 비만도 판정하기

표준체중비 구하기 : 21kg ÷ 21kg × 100 = 100%(정상체중 범위임)

(3) 3단계 영양기준량 구하기

에너지 : 21kg × 57kcal / kg = 1,197kcal ≒ 1,200kcal

(4) 1일 영양기준량

에너지(kcal)	당질(g)	단백질(g)	지질(g)	C : P : F
1,200	12	18	120	4 : 6 : 90

(5) 1일 식품 구성의 예

식품군	곡류군	어육류군	채소군		지방군	휘핑크림	과일군
			1	2			
교환단위수	–	1.8	1.2	0.2	17.8	2.1	0.6

(6) 끼니별 배분의 예

끼니	곡류군	어육류군	채소군		지방군	휘핑크림	과일군
			1	2			
아침	–	0.6	0.3	0.1	5.9	0.7	0.2
점심	–	0.6	0.5		5.9	0.7	0.2
저녁	–	0.6	0.4	0.1	5.9	0.7	0.2
계	–	1.8	1.2	0.2	17.8	2.1	0.6

(7) 식단의 예

끼니	음식명	재료명	교환수* (1교환량, g)	중량(g)	식품군
아침	휘핑크림	휘핑크림	0.7(60)	42	휘핑크림
	딸기	딸기	0.2(75)	15	과일군
	샐러드	오이	0.3(100)	30	채소군 1
		당근	0.1(50)	5	채소군 2
		마요네즈	5.9(5)	29.5	지방군
	치즈	치즈	0.6(30)	18	어육류군(고)
점심	휘핑크림	휘핑크림	0.7(60)	42	휘핑크림
	연어지짐	연어	0.6(30)	18	어육류군(중)
		식용유	0.9(5)	4.5	지방군
	샐러드	양상추	0.3(100)	30	채소군 1
		토마토	0.2(100)	20	채소군 1
		사과	0.2(40)	8	과일군
		마요네즈	5.0(5)	25	지방군
저녁	휘핑크림	휘핑크림	0.7(60)	42	휘핑크림
	새우튀김	새우	0.6(30)	18	어육류군(저)
		식용유	2(5)	10	지방군
	양송이볶음	양송이	0.3(100)	30	채소군 1
		브로콜리	0.1(100)	10	채소군 1
		양파	0.1(50)	10	채소군 2
		식용유	2(5)	10	지방군
	샐러드	멜론	0.1(100)	10	과일군
		복숭아	0.1(60)	16	과일군
		마요네즈	1.9(5)	9.5	지방군

* 케톤식 식품교환표

13 Chapter

식사요법실습

암

1. 암 환자식

1) 적용 대상

위암, 폐암, 대장암, 직장암, 간암, 자궁암, 유방암, 전립선암, 피부암 등 각종 암의 항암치료로 인해 면역력이 감소된 환자를 대상으로 한다.

2) 목표

암이 진행되면 단백질, 에너지 등의 영양불량이 나타나며 체중감소 및 영양상태의 변화가 일어나므로, 영양지원을 하여 암환자의 전반적인 상태를 호전시킨다.

(1) 영양결핍을 예방하며 치료한다.
(2) 체중감소를 최소화한다.
(3) 면역기능 저하를 방지한다.
(4) 치료효과를 극대화한다.
(5) 골수이식 등으로 면역기능이 상실된 경우에는 항생제와 함께 진균감염의 위험을 줄인다.

3) 식사원칙 및 유의사항

(1) 충분한 에너지 및 단백질을 공급한다.

① 에너지

- 장시간 앉아 있는 환자 : 20~30kcal/kg
- 대사 항진이 있거나 체중증가가 필요한 환자 : 30~50kcal/kg
- 심한 스트레스 및 흡수불량 환자 : 35kcal/kg

② 단백질

- 스트레스 없는 환자 : 1~2g/kg
- 대사항진 및 근육소모가 심한 환자 : 1.5~2.5g/kg

(2) 암환자 경구급식 시 발생되는 문제점의 해결방안은 다음과 같다.

① 식욕부진 시 식욕증진 방법

- 새로운 음식이나 향신료를 이용한다.
- 조리는 직접 하지 않고 다른 사람이 하도록 한다.
- 육류에 조미하고 소스를 이용한다.
- 육류를 약간 차게 해서 먹는다.
- 신맛이 나는 레몬, 오렌지 등으로 입맛을 돋우도록 한다.

② 메스꺼움 및 구토 방지법

- 항구토제를 식전에 복용한다.
- 소량씩 자주 먹는다.
- 조리를 다른 사람이 하도록 하고, 싫은 음식냄새를 피한다.
- 음료를 식수로 마신다.
- 조미가 강한 음식과 고지방식품을 피한다.
- 꽉 조이는 옷을 피하고 신선한 공기를 들이마신다.

③ 음식섭취량을 증가시키는 법

- 좋아하는 음식을 자주 먹는다.
- 소량을 자주 먹는다.
- 영양이 농축된 음식을 우선 먹는다.
- 기분이 좋을 때 음식을 먹는다.

- 식사 시 너무 많은 음료를 마시지 않는다.
- 혼자 식사하지 않고 친구나 가족과 함께 먹는다.
- 즐겁고 편안한 환경에서 음식을 섭취하도록 한다.

④ 씹거나 삼키기 힘든 환자를 위한 음식 섭취법

- 마른 음식은 소스를 뿌려 먹는다.
- 수분 함량이 많은 음식을 주고 음료를 식사하는 동안 마신다.
- 음료는 빨대를 이용하여 마신다.
- 타액분비 감소 시에는 인공 타액, 무설탕 검이나 레몬 사탕을 주고 소금물로 입안을 자구 헹구며 건조음식이나 농축당은 피한다.
- 거친 음식과 자극성이 강한 음식은 피하고, 음식을 차게 하여 준다.

⑤ 열량과 단백질 섭취를 증가시키는 방법

- 분유를 첨가하여 음식을 만든다.
- 육류, 닭고기, 생선 등을 갈거나 치즈가루를 채소음식, 국, 소스 등에 넣는다.
- 크림, 마요네즈, 마가린, 버터 등을 조리할 때 넣는다.
- 견과류, 땅콩버터, 건포도 등을 음식에 넣는다.
- 농축된 영양액을 자주 이용한다.

(3) 골수이식이나 항암 치료로 인해 백혈구 감소 증상이 발생되면 120℃에서 20분간 증기 및 건열 소독시킨 후 무균실 밖에서 개봉을 금하고 물은 반드시 끓여 마시도록 한다.

(4) 암예방을 위한 일반적인 식사원칙은 다음과 같다.

① 총지방과 포화지방산의 섭취를 줄인다.

② 채소, 과일, 도정하지 않은 곡류 섭취를 늘린다.

③ 섬유소를 많이 섭취한다.

④ 비타민 A와 비타민 C의 섭취를 늘리기 위해 녹황색 채소와 과일 섭취를 충분히 하고, 비타민 E의 섭취도 증가시킨다.

⑤ 가공식품의 섭취를 줄인다.

⑥ 우유, 요구르트 등을 많이 섭취한다.

⑦ 염장식품, 절인 식품, 훈제식품, 탄 식품, 자극성 식품 등의 섭취를 줄인다.

⑧ 자연식품을 섭취하고 발암물질을 함유한 식품의 섭취를 줄인다.

⑨ 과음을 피한다.

⑩ 흡연과 함께 술을 마시는 것은 피해야 한다.

4) 환자식

【사례】
43세 남성, 항암치료로 면역력이 약해진 간암 환자임
신장 180cm, 체중 71kg
회사원이며 중등 활동을 함

(1) 1단계 : 표준체중 구하기

표준체중 구하기 : 1.8m × 1.8m × 22=71.3kg

(2) 2단계 : 비만도 판정하기

표준체중비 구하기 : 71kg ÷ 71.3kg × 100 =99.6%(정상체중 범위임)

(3) 3단계 : 영양기준량 구하기

에너지 : 71kg × 35kcal /kg =2,485kcal ≒ 2,500kcal

당　질 : 2,500kcal × 0.56=1,400kcal,　1,400kcal ÷ 4kcal/g =350g

단백질 : 71kg × 1.8g/kg =128g,　128g × 4=512kcal

지　질 : 2,500kcal−(1,400 + 512)kcal =588kcal,　588kcal ÷ 9kcal/g = 65g

(4) 1일 영양기준량

에너지(kcal)	당질(g)	단백질(g)	지질(g)	C:P:F
2,500	350	128	65	56:21:23

(5) 1일 식품 구성의 예

<table>
<tr><th rowspan="2">식품군</th><th rowspan="2">곡류군</th><th colspan="2">어육류군</th><th rowspan="2">채소군</th><th rowspan="2">지방군</th><th colspan="2">우유군</th><th rowspan="2">과일군</th></tr>
<tr><th>저지방</th><th>중지방</th><th>일반우유</th><th>저지방우유</th></tr>
<tr><td>교환단위수</td><td>13</td><td>6</td><td>3</td><td>8</td><td>5</td><td>2</td><td></td><td>1</td></tr>
</table>

(6) 끼니별 배분의 예

<table>
<tr><th rowspan="2">끼니</th><th rowspan="2">곡류군</th><th colspan="2">어육류군</th><th rowspan="2">채소군</th><th rowspan="2">지방군</th><th colspan="2">우유군</th><th rowspan="2">과일군</th></tr>
<tr><th>저지방</th><th>중지방</th><th>일반우유</th><th>저지방우유</th></tr>
<tr><td>아침</td><td>3</td><td>2</td><td>1</td><td>2</td><td>1</td><td></td><td></td><td></td></tr>
<tr><td>간식</td><td>1</td><td></td><td></td><td></td><td></td><td>0.5</td><td></td><td></td></tr>
<tr><td>점심</td><td>4</td><td>2</td><td>1</td><td>3</td><td>2</td><td></td><td></td><td></td></tr>
<tr><td>간식</td><td>1</td><td></td><td></td><td></td><td></td><td>1</td><td></td><td></td></tr>
<tr><td>저녁</td><td>4</td><td>2</td><td>1</td><td>3</td><td>2</td><td></td><td></td><td></td></tr>
<tr><td>간식</td><td></td><td></td><td></td><td></td><td></td><td>0.5</td><td></td><td>1</td></tr>
<tr><td>계</td><td>13</td><td>6</td><td>3</td><td>8</td><td>5</td><td>2</td><td></td><td>1</td></tr>
</table>

(7) 식단의 예

끼니	음식명	재료명	교환수 (1교환량, g)	중량(g)	식품군
아침	콩밥	쌀	3.0(30)	90	곡류군
		콩	0.5(20)	10	어육류군(중)
	두부된장국	두부	0.5(80)	40	어육류군(중)
		호박	0.3(70)	21	채소군
		양파	0.2(70)	14	채소군
	쇠고기찜	쇠고기(사태)	1.0(40)	40	어육류군(저)
		표고버섯	0.2(50)	10	채소군
		무	0.2(70)	14	채소군
		당근	0.1(70)	7	채소군
		참기름	0.2(5)	1	지방군
	조기구이	조기	1.0(50)	50	어육류군(저)
		식용유	0.5(5)	2.5	지방군
	시금치나물	시금치	0.5(70)	35	채소군
		참기름	0.1(5)	0.5	지방군
	김치볶음	배추김치	0.5(50)	25	채소군
		식용유	0.2(5)	1	지방군
간식	찐 감자	찐 감자	1.0(140)	140	곡류군
	우유	멸균우유	0.5(200)	100	우유군
점심	보리밥	쌀	3.5(30)	105	곡류군
		보리	0.5(30)	15	곡류군
	쇠고기뭇국	쇠고기	1.0(40)	40	어육류군(저)
		무	0.5(70)	35	채소군
	달걀말이	달걀	1.0(55)	55	어육류군(중)
		식용유	0.7(5)	3.5	지방군
	닭볶음	닭고기	1.0(40)	40	어육류군(저)
		양파	0.3(70)	21	채소군
		표고버섯	0.2(50)	10	채소군
		식용유	0.5(5)	2.5	지방군
	냉이나물	냉이	0.5(70)	35	채소군
		참기름	0.3(5)	15	지방군
	김치볶음	배추김치	0.5(50)	25	채소군
		식용유	0.5(5)	2.5	지방군
간식	인절미	인절미	1.0(50)	50	곡류군
	멸균우유	멸균우유	1.0(200)	200	우유군

끼니	식단명	재료명	교환수 (1교환량, g)	중량(g)	식품군
저녁	현미밥	쌀	2.0(30)	60	곡류군
		현미	0.5(30)	15	곡류군
		찹쌀	0.5(30)	15	곡류군
	동태찌개	게	0.5(70)	35	어육류군(저)
		동태	0.5(50)	25	어육류군(저)
		무	0.4(70)	28	채소군
		버섯	0.3(50)	15	채소군
		양파	0.2(70)	14	채소군
	감자볶음	감자	1.0(140)	140	곡류군
		당근	0.1(70)	7	채소군
		식용유	1.0(5)	5	지방군
	고등어구이	고등어	1.0(50)	50	어육류군(중)
	오이나물	오이	1.0(70)	70	채소군
		식용유	0.6(5)	3	지방군
	콩나물무침	콩나물	1.0(70)	70	채소군
		참기름	0.4(5)	2	지방군
간식	포도통조림	포도통조림	1.0(60)	60	과일군
	우유	멸균우유	0.5(200)	100	우유군

5) 대표음식의 조리법(4인 분량 기준)

(1) 쇠고기찜

재료	중량(g)	만드는 법
쇠고기(사태)	160	① 쇠고기를 깍뚝썰기하여 간장, 다진 마늘을 넣어 재워둔다. ② 표고, 무, 당근도 깍뚝썰기를 한다. ③ 간장에 설탕, 다진 마늘 및 파를 넣어 양념간장을 만들어 놓는다. ④ 냄비에 물을 약간 넣어 끓으면 쇠고기를 넣고 양념의 반을 넣는다. ⑤ 쇠고기가 약간 익으면 깍뚝썰기한 채소와 남은 양념을 넣고 국물이 자작해질 때까지 뭉근하게 조린 후 참기름을 넣는다.
생표고	50	
무	70	
당근	30	
참기름	4	
간장	12	
설탕	4	
파	8	
마늘	4	

(2) 닭볶음

재료	중량(g)	만드는 법
닭가슴살	160	① 닭고기는 깍뚝썰기를 하여 1/2 간장, 생강, 마늘을 넣어 재워둔다. ② 양파와 버섯도 깍뚝썰기를 한다. ③ 팬에 기름을 두르고 닭고기를 볶다가 어느 정도 익으면, 준비해둔 채소와 남은 간장을 넣어 살짝 볶은 다음 뚜껑을 덮어 익힌다.
양파	70	
표고버섯	50	
식용유	10	
파	5	
생강	1	
마늘	7	
간장	6	

(3) 동태찌개

재료	중량(g)	만드는 법
동태	100	① 동태와 게는 손질하여 먹기 좋은 크기로 토막을 낸다. ② 무는 납작하게 나박나박 썰고, 버섯과 양파도 먹기 좋게 썰어두며, 대파는 어슷하게 썬다. ③ 냄비에 900ml 정도의 물을 붓고, 고추장을 푼 후 무를 먼저 넣고 끓이다가 동태와 게를 넣어 한소끔 끓으면 양파와 버섯을 넣는다. ④ 무와 동태가 익으면 고춧가루, 어슷하게 썬 파와 다진 마늘을 넣고 소금으로 간한다.
게	140	
무	140	
버섯	50	
양파	40	
간장	4	
고추장	10	
파	10	
마늘	7	
고춧가루	3	
소금	약간	

부 록

2015. 한국인 영양소 섭취기준

2015 한국인 영양소 섭취기준

1. 에너지와 다량영양소

보건복지부, 2015

성별	연령	에너지(kcal/일)				탄수화물(g/일)				지방(g/일)				n-6계 지방산(g/일)			
		필요추정량	권장섭취량	충분섭취량	상한섭취량	평균필요량	권장섭취량	충분섭취량	상한섭취량	평균필요량	권장섭취량	충분섭취량	상한섭취량	평균필요량	권장섭취량	충분섭취량	상한섭취량
영아	0~5(개월)	550						60				25				2.0	
	6~11	700						90				25				4.0	
유아	1~2(세)	1,000															
	3~5	1,400															
남자	6~8(세)	1,700															
	9~11	2,100															
	12~14	2,500															
	15~18	2,700															
	19~29	2,600															
	30~49	2,400															
	50~64	2,200															
	65~74	2,000															
	75 이상	2,000															
여자	6~8(세)	1,500															
	9~11	1,800															
	12~14	2,000															
	15~18	2,000															
	19~29	2,100															
	30~49	1,900															
	50~64	1,800															
	65~74	1,600															
	75 이상	1,600															
임신부[1]		+0 +340 +450															
수유부		+320															

성별	연령	n-3계 지방산(g/일)				단백질(g/일)				식이섬유(g/일)				수분(ml/일)				
		평균필요량	권장섭취량	충분섭취량	상한섭취량	평균필요량	권장섭취량	충분섭취량	상한섭취량	평균필요량	권장섭취량	충분섭취량	상한섭취량	평균필요량	권장섭취량	충분섭취량 액체	충분섭취량 총수분	상한섭취량
영아	0~5(개월)			0.3				10								700	700	
	6~11			0.8		10	15									500	800	
유아	1~2(세)					12	15					10				800	1,100	
	3~5					15	20					15				1,100	1,400	
남자	6~8(세)					20	25					20				900	1,800	
	9~11					30	35					20				1,000	2,000	
	12~14					40	50					25				1,000	2,300	
	15~18					45	55					25				1,200	2,600	
	19~29					45	55					25				1,200	2,600	
	30~49					45	55					25				1,200	2,500	
	50~64					40	50					25				1,000	2,200	
	65~74					40	50					25				1,000	2,100	
	75 이상					40	50					25				1,000	2,100	
여자	6~8(세)					20	25					20				900	1,700	
	9~11					30	35					20				900	1,900	
	12~14					40	45					20				900	2,000	
	15~18					40	45					20				900	2,000	
	19~29					40	50					20				1,000	2,100	
	30~49					35	45					20				1,000	2,000	
	50~64					35	45					20				900	1,900	
	65~74					35	45					20				900	1,800	
	75 이상					35	45					20				900	1,800	
임신부[1]						+12 +25	+15 +30					+5				+200	+200	
수유부						+20	+25					+5				+500	+700	

[1] 에너지, 단백질 : 임신 1, 2, 3분기별 부가량

보건복지부, 2015

성별	연령	메티오닌+시스테인(g/일)				류신(g/일)				이소류신(g/일)				발린(g/일)				라이신(g/일)			
		필요 추정량	권장 섭취량	충분 섭취량	상한 섭취량	평균 필요량	권장 섭취량	충분 섭취량	상한 섭취량	평균 필요량	권장 섭취량	충분 섭취량	상한 섭취량	평균 필요량	권장 섭취량	충분 섭취량	상한 섭취량	평균 필요량	권장 섭취량	충분 섭취량	상한 섭취량
영아	0~5(개월)			0.4				1.0				0.6				0.6				0.7	
	6~11	0.3	0.4			0.6	0.8			0.3	0.4			0.3	0.5			0.6	0.8		
유아	1~2(세)	0.3	0.4			0.6	0.8			0.3	0.4			0.4	0.5			0.6	0.7		
	3~5	0.3	0.4			0.7	0.9			0.3	0.4			0.4	0.5			0.6	0.8		
남자	6~8(세)	0.5	0.6			1.1	1.3			0.5	0.6			0.6	0.7			1.0	1.2		
	9~11	0.7	0.8			1.5	1.9			0.7	0.8			0.9	1.1			1.4	1.8		
	12~14	1.0	1.2			2.1	2.6			1.0	1.2			1.2	1.5			2.0	2.4		
	15~18	1.1	1.3			2.4	3.0			1.1	1.3			1.4	1.7			2.2	2.7		
	19~29	1.0	1.3			2.3	3.0			1.0	1.3			1.3	1.6			2.4	3.0		
	30~49	1.0	1.3			2.3	2.9			1.0	1.3			1.3	1.6			2.3	2.9		
	50~64	1.0	1.2			2.2	2.7			1.0	1.2			1.2	1.5			2.2	2.8		
	65~74	0.9	1.2			2.1	2.6			0.9	1.2			1.2	1.5			2.1	2.7		
	75 이상	0.9	1.1			2.0	2.6			0.9	1.1			1.1	1.4			2.1	2.6		
여자	6~8(세)	0.5	0.6			1.0	1.2			0.5	0.6			0.6	0.7			0.9	1.2		
	9~11	0.6	0.7			1.4	1.7			0.6	0.7			0.8	1.0			1.2	1.5		
	12~14	0.8	1.0			1.8	2.3			0.8	1.0			1.1	1.3			1.7	2.1		
	15~18	0.8	1.0			1.9	2.3			0.8	1.0			1.1	1.3			1.7	2.1		
	19~29	0.8	1.1			1.9	2.4			0.8	1.1			1.1	1.3			2.0	2.5		
	30~49	0.8	1.0			1.8	2.3			0.8	1.0			1.0	1.3			1.9	2.4		
	50~64	0.8	1.0			1.8	2.2			0.8	1.0			1.0	1.2			1.8	2.3		
	65~74	0.7	0.9			1.7	2.1			0.7	0.9			0.9	1.2			1.7	2.2		
	75 이상	0.7	0.9			1.6	2.0			0.7	0.9			0.9	1.1			1.6	2.0		
임신부		0.3	0.3			0.6	0.7			0.3	0.3			0.3	0.4			0.3	0.4		
수유부		0.3	0.4			0.6	1.1			0.5	0.6			0.5	0.6			0.4	0.4		

성별	연령	페닐알라닌+티로신(g/일)				트레오닌(g/일)				트립토판(g/일)				히스티딘(g/일)			
		필요 추정량	권장 섭취량	충분 섭취량	상한 섭취량	평균 필요량	권장 섭취량	충분 섭취량	상한 섭취량	평균 필요량	권장 섭취량	충분 섭취량	상한 섭취량	평균 필요량	권장 섭취량	충분 섭취량	상한 섭취량
영아	0~5(개월)			0.9				0.5				0.2				0.1	
	6~11	0.5	0.7			0.3	0.4			0.1	0.1			0.2	0.3		
유아	1~2(세)	0.5	0.7			0.3	0.4			0.1	0.1			0.2	0.3		
	3~5	0.6	0.7			0.3	0.4			0.1	0.1			0.2	0.3		
남자	6~8(세)	0.9	1.1			0.5	0.6			0.1	0.2			0.3	0.4		
	9~11	1.3	1.6			0.7	0.9			0.2	0.2			0.5	0.6		
	12~14	1.7	2.2			1.0	1.3			0.3	0.3			0.7	0.9		
	15~18	2.0	2.4			1.1	1.4			0.3	0.4			0.8	0.9		
	19~29	2.7	3.4			1.1	1.4			0.3	0.3			0.8	1.0		
	30~49	2.7	3.3			1.1	1.3			0.3	0.3			0.7	0.9		
	50~64	2.6	3.2			1.0	1.3			0.3	0.3			0.7	0.9		
	65~74	2.4	3.1			1.0	1.2			0.2	0.3			0.7	0.9		
	75 이상	2.4	3.0			1.0	1.2			0.2	0.3			0.7	0.8		
여자	6~8(세)	0.8	1.0			0.5	0.6			0.1	0.2			0.3	0.4		
	9~11	1.1	1.4			0.6	0.8			0.2	0.2			0.4	0.5		
	12~14	1.5	1.8			0.9	1.1			0.2	0.3			0.6	0.7		
	15~18	1.5	1.9			0.9	1.1			0.2	0.3			0.6	0.7		
	19~29	2.2	2.8			0.9	1.1			0.2	0.3			0.6	0.8		
	30~49	2.2	2.7			0.9	1.1			0.2	0.3			0.6	0.8		
	50~64	2.1	2.6			0.8	1.0			0.2	0.3			0.6	0.7		
	65~74	2.0	2.5			0.8	1.0			0.2	0.2			0.5	0.7		
	75 이상	1.9	2.3			0.7	0.9			0.2	0.2			0.5	0.7		
임신부		0.8	1.0			0.3	0.4			0.1	0.1			0.2	0.2		
수유부		1.5	1.9			0.4	0.6			0.2	0.2			0.2	0.3		

2. 지용성 비타민

보건복지부, 2015

성별	연령	비타민 A(μg RE/일)				비타민 D(μg/일)				비타민 E(mg α-TE/일)				비타민 K(μg/일)			
		평균필요량	권장섭취량	충분섭취량	상한섭취량	평균필요량	권장섭취량	충분섭취량	상한섭취량	평균필요량	권장섭취량	충분섭취량	상한섭취량*	평균필요량	권장섭취량	충분섭취량	상한섭취량
영아	0~5(개월)			350	600			5	25			3				4	
	6~11			450	600			5	25			4				7	
유아	1~2(세)	200	300		600			5	30			5	200			25	
	3~5	230	350		700			5	35			6	250			30	
남자	6~8(세)	320	450		1,000			5	40			7	300			45	
	9~11	420	600		1,500			5	60			9	400			55	
	12~14	540	750		2,100			10	100			10	400			70	
	15~18	620	850		2,300			10	100			11	500			80	
	19~29	570	800		3,000			10	100			12	540			75	
	30~49	550	750		3,000			10	100			12	540			75	
	50~64	530	750		3,000			10	100			12	540			75	
	65~74	500	700		3,000			15	100			12	540			75	
	75 이상	500	700		3,000			15	100			12	540			75	
여자	6~8(세)	290	400		1,000			5	40			7	300			45	
	9~11	380	550		1,500			5	60			9	400			55	
	12~14	470	650		2,100			10	100			10	400			65	
	15~18	440	600		2,300			10	100			11	500			65	
	19~29	460	650		3,000			10	100			12	540			65	
	30~49	450	650		3,000			10	100			12	540			65	
	50~64	430	600		3,000			10	100			12	540			65	
	65~74	410	550		3,000			15	100			12	540			65	
	75 이상	410	550		3,000			15	100			12	540			65	
임신부		+50	+70		3,000			+10	100			+0	540			+0	
수유부		+350	+490		3,000			+0	100			+3	540			+0	

* RRR-α-tocopherol

3. 수용성 비타민

보건복지부, 2015

성별	연령	비타민 C(mg/일)				티아민(mg/일)				리보플라빈(mg/일)				니아신(mg NE/일)[1]				
		평균필요량	권장섭취량	충분섭취량	상한섭취량	평균필요량	권장섭취량	충분섭취량	상한섭취량	평균필요량	권장섭취량	충분섭취량	상한섭취량	평균필요량	권장섭취량	충분섭취량	상한섭취량[2]	상한섭취량[2]
영아	0~5(개월)			35				0.2				0.3				2		
	6~11			45				0.3				0.4				3		
유아	1~2(세)	30	35		350	0.4	0.5			0.5	0.5			4	6		10	180
	3~5	30	40		500	0.4	0.5			0.5	0.6			5	7		10	250
남자	6~8(세)	40	55		700	0.6	0.7			0.7	0.9			7	9		15	350
	9~11	55	70		1,000	0.7	0.9			1.0	1.2			9	12		20	500
	12~14	70	90		1,400	1.0	1.1			1.2	1.5			11	15		25	700
	15~18	80	105		1,500	1.1	1.3			1.4	1.7			13	17		30	800
	19~29	75	100		2,000	1.0	1.2			1.3	1.5			12	16		35	1,000
	30~49	75	100		2,000	1.0	1.2			1.3	1.5			12	16		35	1,000
	50~64	75	100		2,000	1.0	1.2			1.3	1.5			12	16		35	1,000
	65~74	75	100		2,000	1.0	1.2			1.3	1.5			12	16		35	1,000
	75 이상	75	100		2,000	1.0	1.2			1.3	1.5			12	16		35	1,000
여자	6~8(세)	45	60		700	0.6	0.7			0.6	0.8			7	9		15	350
	9~11	60	80		1,000	0.7	0.9			0.8	1.0			9	12		20	500
	12~14	75	100		1,400	0.9	1.1			1.0	1.2			11	15		25	700
	15~18	70	95		1,500	1.0	1.2			1.0	1.2			11	14		30	800
	19~29	75	100		2,000	0.9	1.1			1.0	1.2			11	14		35	1,000
	30~49	75	100		2,000	0.9	1.1			1.0	1.2			11	14		35	1,000
	50~64	75	100		2,000	0.9	1.1			1.0	1.2			11	14		35	1,000
	65~74	75	100		2,000	0.9	1.1			1.0	1.2			11	14		35	1,000
	75 이상	75	100		2,000	0.9	1.1			1.0	1.2			11	14		35	1,000
임신부		+10	+10		2,000	+0.4	+0.4			+0.3	+0.4			+3	+4		35	1,000
수유부		+35	+40		2,000	+0.3	+0.4			+0.4	+0.5			+2	+3		35	1,000

성별	연령	비타민 B6(mg/일)				엽산(μgDFE/일)[3]				비타민 B12(μg/일)				판토텐산(mg/일)				비오틴(μg/일)			
		평균필요량	권장섭취량	충분섭취량	상한섭취량	평균필요량	권장섭취량	충분섭취량	상한섭취량	평균필요량	권장섭취량	충분섭취량	상한섭취량	평균필요량	권장섭취량	충분섭취량	상한섭취량	평균필요량	권장섭취량	충분섭취량	상한섭취량
영아	0~5(개월)			0.1				65				0.3				1.7				5	
	6~11			0.3				80				0.5				1.9				7	
유아	1~2(세)	0.5	0.6		25	120	150		300	0.8	0.9					2				9	
	3~5	0.6	0.7		35	150	180		400	0.9	1.1					2				11	
남자	6~8(세)	0.7	0.9		45	180	220		500	1.1	1.3					3				15	
	9~11	0.9	1.1		55	250	300		600	1.5	1.7					4				20	
	12~14	1.3	1.5		60	300	360		800	1.9	2.3					5				25	
	15~18	1.3	1.5		65	320	400		900	2.2	2.7					5				30	
	19~29	1.3	1.5		100	320	400		1,000	2.0	2.4					5				30	
	30~49	1.3	1.5		100	320	400		1,000	2.0	2.4					5				30	
	50~64	1.3	1.5		100	320	400		1,000	2.0	2.4					5				30	
	65~74	1.3	1.5		100	320	400		1,000	2.0	2.4					5				30	
	75 이상	1.3	1.5		100	320	400		1,000	2.0	2.4					5				30	
여자	6~8(세)	0.7	0.9		45	180	220		500	1.1	1.3					3				15	
	9~11	0.9	1.1		55	250	300		600	1.5	1.7					4				20	
	12~14	1.2	1.4		60	300	360		800	1.9	2.3					5				25	
	15~18	1.2	1.4		65	320	400		900	2.0	2.4					5				30	
	19~29	1.2	1.4		100	320	400		1,000	2.0	2.4					5				30	
	30~49	1.2	1.4		100	320	400		1,000	2.0	2.4					5				30	
	50~64	1.2	1.4		100	320	400		1,000	2.0	2.4					5				30	
	65~74	1.2	1.4		100	320	400		1,000	2.0	2.4					5				30	
	75 이상	1.2	1.4		100	320	400		1,000	2.0	2.4					5				30	
임신부		+0.7	+0.8		100	+200	+220		1,000	+0.2	+0.2					+1				+0	
수유부		+0.7	+0.8		100	+130	+150		1,000	+0.3	+0.4					+2				+5	

[1] 1mgNE(니아신 당량)=1mg 니아신=60mg 트립토판

[2] 니코틴산/니코틴 아미드

[3] Dietary Folate Equivalents, 가임기 여성의 경우 400μg/일의 엽산보충제 섭취를 권장함, 엽산의 상한섭취량은 보충제 또는 강화식품의 형태로 섭취한 μg/일에 해당됨

4. 다량무기질

보건복지부, 2015

성별	연령	칼슘(mg/일)				인(mg/일)				나트륨(g/일)				
		평균 필요량	권장 섭취량	충분 섭취량	상한 섭취량	평균 필요량	권장 섭취량	충분 섭취량	상한 섭취량	평균 필요량	권장 섭취량	충분 섭취량	상한 섭취량	목표 섭취량
영아	0~5(개월)			210	1,000			100				120		
	6~11			300	1,500			300				370		
유아	1~2(세)	390	500		2,500	380	450		3,000			900		
	3~5	470	600		2,500	460	550		3,000			1,000		
남자	6~8(세)	580	700		2,500	490	600		3,000			1,200		
	9~11	650	800		3,000	1,000	1,200		3,500			1,400		2,000
	12~14	800	1,000		3,000	1,000	1,200		3,500			1,500		2,000
	15~18	720	900		3,000	1,000	1,200		3,500			1,500		2,000
	19~29	650	800		2,500	580	700		3,500			1,500		2,000
	30~49	630	800		2,500	580	700		3,500			1,500		2,000
	50~64	600	750		2,000	580	700		3,500			1,500		2,000
	65~74	570	700		2,000	580	700		3,500			1,300		2,000
	75 이상	570	700		2,000	580	700		3,000			1,100		2,000
여자	6~8(세)	580	700		2,500	450	550		3,000			1,200		
	9~11	650	800		3,000	1,000	1,200		3,500			1,400		2,000
	12~14	740	900		3,000	1,000	1,200		3,500			1,500		2,000
	15~18	660	800		3,000	1,000	1,200		3,500			1,500		2,000
	19~29	530	700		2,500	580	700		3,500			1,500		2,000
	30~49	510	700		2,500	580	700		3,500			1,500		2,000
	50~64	580	800		2,000	580	700		3,500			1,500		2,000
	65~74	560	800		2,000	580	700		3,500			1,300		2,000
	75 이상	560	800		2,000	580	700		3,000			1,100		2,000
임신부		+0	+0		2,500	+0	+0		3,000			1,500		2,000
수유부		+0	+0		2,500	+0	+0		3,500			1,500		2,000

성별	연령	염소(g/일)				칼륨(g/일)				마그네슘(mg/일)			
		평균 필요량	권장 섭취량	충분 섭취량	상한 섭취량	평균 필요량	권장 섭취량	충분 섭취량	상한 섭취량	평균 필요량	권장 섭취량	충분 섭취량	상한 섭취량[1]
영아	0~5(개월)			180				400				30	
	6~11			560				700				55	
유아	1~2(세)			1,300				2,000		65	80		65
	3~5			1,500				2,300		85	100		90
남자	6~8(세)			1,900				2,600		135	160		130
	9~11			2,100				3,000		190	230		180
	12~14			2,300				3,500		265	320		250
	15~18			2,300				3,500		335	400		350
	19~29			2,300				3,500		295	350		350
	30~49			2,300				3,500		305	370		350
	50~64			2,300				3,500		305	370		350
	65~74			2,000				3,500		305	370		350
	75~이상			1,700				3,500		305	370		350
여자	6~8(세)			1,900				2,600		125	150		130
	9~11			2,100				3,000		175	210		180
	12~14			2,300				3,500		240	290		250
	15~18			2,300				3,500		285	340		350
	19~29			2,300				3,500		235	280		350
	30~49			2,300				3,500		235	280		350
	50~64			2,300				3,500		235	280		350
	65~74			2,000				3,500		235	280		350
	75 이상			1,700				3,500		235	280		350
임신부				2,300				+0		+32	+40		350
수유부				2,300				+400		+0	+0		350

[1] 식품 외 급원의 마그네슘에만 해당

5. 미량무기질

보건복지부, 2015

성별	연령	철(mg/일)				아연(mg/일)				구리(μg/일)				불소(mg/일)			
		평균 필요량	권장 섭취량	충분 섭취량	상한 섭취량	평균 필요량	권장 섭취량	충분 섭취량	상한 섭취량	평균 필요량	권장 섭취량	충분 섭취량	상한 섭취량	평균 필요량	권장 섭취량	충분 섭취량	상한 섭취량
영아	0~5(개월)			0.3	40			2				240				0.01	0.6
	6~11	5	6		40	2	3					310				0.5	0.9
유아	1~2(세)	4	6		40	2	3		6	220	280		1,500			0.6	1.2
	3~5	5	6		40	3	4		9	250	320		2,000			0.8	1.7
남자	6~8(세)	7	9		40	5	6		13	340	440		3,000			1.0	2.5
	9~11	8	10		40	7	8		20	440	580		5,000			2.0	10.0
	12~14	11	14		40	7	8		30	570	740		7,000			2.5	10.0
	15~18	11	14		45	8	10		35	650	840		7,000			3.0	10.0
	19~29	8	10		45	8	10		35	600	800		10,000			3.5	10.0
	30~49	8	10		45	8	10		35	600	800		10,000			3.0	10.0
	50~64	7	10		45	8	9		35	600	800		10,000			3.0	10.0
	65~74	7	9		45	7	9		35	600	800		10,000			3.0	10.0
	75 이상	7	9		45	7	9		35	600	800		10,000			3.0	10.0
여자	6~8(세)	6	8		40	4	5		13	340	440		3,000			1.0	2.5
	9~11	7	10		40	6	8		20	440	580		5,000			2.0	10.0
	12~14	13	16		40	6	8		25	570	740		7,000			2.5	10.0
	15~18	11	14		45	7	9		30	650	840		7,000			2.5	10.0
	19~29	11	14		45	7	8		35	600	800		10,000			3.0	10.0
	30~49	11	14		45	7	8		35	600	800		10,000			2.5	10.0
	50~64	6	8		45	6	7		35	600	800		10,000			2.5	10.0
	65~74	6	8		45	6	7		35	600	800		10,000			2.5	10.0
	75 이상	5	7		45	6	7		35	600	800		10,000			2.5	10.0
임신부		+8	+10		45	+2.0	+2.5		35	+100	+130		10,000			+0	10.0
수유부		+0	+0		45	+4.0	+5.0		35	+350	+480		10,000			+0	10.0

성별	연령	망간(mg/일)				요오드(μg/일)				셀레늄(μg/일)				몰리브덴(μg/일)				크롬(μg/일)			
		평균 추정량	권장 섭취량	충분 섭취량	상한 섭취량	평균 필요량	권장 섭취량	충분 섭취량	상한 섭취량	평균 필요량	권장 섭취량	충분 섭취량	상한 섭취량	평균 필요량	권장 섭취량	충분 섭취량	상한 섭취량	평균 필요량	권장 섭취량	충분 섭취량	상한 섭취량
영아	0~5(개월)			0.01				130	250			9	45							0.2	
	6~11			0.8				170	250			11	65							5.0	
유아	1~2(세)			1.5	2.0	55	80		300	19	23		75				100			12	
	3~5			2.0	3.0	65	90		300	22	25		100				100			12	
남자	6~8(세)			2.5	4.0	75	100		500	30	35		150				200			20	
	9~11			3.0	5.0	85	110		500	39	45		200				300			25	
	12~14			4.0	7.0	90	130		1,800	49	60		300				400			35	
	15~18			4.0	9.0	95	130		2,200	55	65		300				500			40	
	19~29			4.0	11.0	95	150		2,400	50	60		400				550			35	
	30~49			4.0	11.0	95	150		2,400	50	60		400				550			35	
	50~64			4.0	11.0	95	150		2,400	50	60		400				550			35	
	65~74			4.0	11.0	95	150		2,400	50	60		400				550			35	
	75 이상			4.0	11.0	95	150		2,400	50	60		400				550			35	
여자	6~8(세)			2.5	4.0	75	100		500	30	35		150				200			15	
	9~11			3.0	5.0	85	110		500	39	45		200				300			20	
	12~14			3.5	7.0	90	130		2,000	49	60		300				400			25	
	15~18			3.5	9.0	95	130		2,200	55	65		300				400			25	
	19~29			3.5	11.0	95	150		2,400	50	60		400				450			25	
	30~49			3.5	11.0	95	150		2,400	50	60		400				450			25	
	50~64			3.5	11.0	95	150		2,400	50	60		400				450			25	
	65~74			3.5	11.0	95	150		2,400	50	60		400				450			25	
	75 이상			3.5	11.0	95	150		2,400	50	60		400				450			25	
임신부				+0	11.0	+65	+90			+3	+4		400				450			+5	
수유부				+0	11.0	+130	+190			+9	+10		400				450			+20	

참고문헌

경희대학교 임상영양연구소. 임상식사지침서. 효일문화사, 1999

김기남, 최미숙. 식사요법. 와이제이 출판사, 1995

김영혜. 임상영양 핸드북. 서울중앙병원, 1995

김영혜, 강은희, 허인선, 박미선, 김정남, 이은, 김숙경, 김정희. 신장질환 식품교환표. 대한영양사회, 1997

김정남. 식사계획을 위한 식품교환표. 대한영양사회, 1995

김정남, 백희준, 손춘영, 이정원. 영양상담 지침서. 대한영양사협회, 2002

모수미, 이연숙, 구재옥, 손숙미, 서정숙, 윤은영, 이수경, 김원경. 식사요법. 교문사, 2005

서정숙, 여인법, 최미숙. 임상영양학. 지구문화사, 2005

승정자, 김순경, 조혜경, 한은경, 최미경, 이지선, 김미현, 배윤정. 식사요법 실습서. 파워북, 2008

김병구, 김성애, 김은경, 남혜원, 명춘옥, 박영심, 박태선, 서은경, 엄영란, 이기완, 이종호, 임현숙. 식이요법실습서. 수학사, 1999

김소영, 김수민, 김은미, 박미선, 백희준, 손정민, 송승은, 위경애, 이송미, 이은, 이호선, 정혜경, 조영아, 주달래, 최경. 임상영양관리지침서, 제3판. 대한영양사협회, 2008

서울아산병원 영양팀. 보건의료인을 위한 임상영양가이드. 퍼블애드, 2000

장유경, 권종숙, 조여원, 김경인, 김혜경. 임상영양학. 신광출판사, 2005

이정원, 이미숙, 김정희, 손숙미, 이보숙. 영양판정. 교문사, 2006

임승길. 제5판 식사처방지침. 세브란스병원 영양관리위원회, 2003

엄영란, 이송미, 김은미, 박미선. 임상영양관리. 대한영양사회, 1994
장유경, 변기원, 이보경, 이종현, 이종미, 조영연. 임상영양관리. 도서출판효일, 2006
한국인 영양소 섭취기준. 보건복지부. 한국영양학회, 2015

DeBruyne LK, Whitney EN, Pinna K. Nutrition & Diet Therapy. Wadsworth/Thomson Learning, 2008
Nelson JK, Moxness KE, Jensen MD, Gastineau CF. Diet Manual. 7th ed. St. Louis:Mosby, 1994
Maban LK, Escot-Stump S. Krause's food, nutrition and diet therapy. 10th ed. W.B. Saunders Company, 2004

찾아보기

저자 소개

최미숙
서울대학교 농가정학과 졸업
서울대학교 대학원 영양학 농학박사
전 충청대학교 식품영양외식학부 교수

서광희
서울여자대학교 식품영양학과 졸업
서울여자대학교 대학원 식품영양학 이학박사
현재 배화여자대학교 식품영양과 교수

권순형
한양대학교 식품영양학과 졸업
한양대학교 대학원 식품영양학 이학박사
현재 한양여자대학교 식품영양과 교수

김갑순
동아대학교 식품영양학과 졸업
경상대학교 대학원 식품영양학 이학박사
현재 경남정보대학교 식품영양과 교수

변기원
서울대학교 식품영양학과 졸업
서울대학교 대학원 식품영양학 이학박사
현재 부천대학교 식품영양과 교수

권종숙
서울대학교 식품영양학과 졸업
미국 오하이오 주립대학교 영양학 이학박사
현재 신구대학교 식품영양과 교수

개정판 **식사요법실습**

2009년 3월 20일 초판 발행
2016년 3월 5일 개정2쇄 발행

지은이 | 최미숙 · 서광희 · 권순형 ·
김갑순 · 변기원 · 권종숙
발행인 | 유제구
발행처 | 파워북
주 소 | 경기도 고양시 일산동구 호수로 358-25
동문굿모닝타워2차 529호
전 화 | (02) 730-1412
FAX | (031) 908-1410
등 록 | 1997. 1. 1 제 300-1997-13

정 가 16,000원
ISBN 978-89-8160-187-4